DE LA GRAVITATION

De Gravitatione et æquipondio fluidorum et solidorum in fluidis scientiam duplici methodo tradere convenit. Quatenus ad scientias Mathematicas pertinet, æquum est ut a contemplatione Physicâ quàm maximè abstraham. Et hac itaqȝ ratione singulas ejus propositiones e principijs abstractis et attendenti satis notis, more Geometrarum, strictè demonstrare statui. Deinde cùm hæc doctrina ad Philosophiam naturalem quodammodo affinis esse censeatur, quatenus ad plurima ejus Phænomena enucleanda accommodatur, adeoqȝ cùm usus ejus exinde præsertim elucescat et principiorum certitudo ~~conform~~ fortasse confirmetur, non gravabor propositiones ex abundanti experimentis etiam illustrare: ita tamen ut hoc laxius disceptandi genus in Scholia dispositum, cum priori per Lemmata, propositiones et corollaria tradito non confundatur.

Fundamenta ex quibus hæc scientia demonstranda est sunt vel definitiones vocum quarundam ~~ut in quo sensu accipio noscatur~~; vel axiomata et postulata a nemine non concedenda. Et hæc e vestigio tradam.

Definitiones

Nomina quantitatis, durationis et spatij notiora sunt quàm ut per alias voces definiri possint.

Def: 1. Locus est spatij pars quam res adæquatè implet.[a]

Def: 2. Corpus est id quod locum implet[a]

~~Def 4. Motus est loci mutatio~~

Def: 3. Quies est in eodem loco permansio

Def: 4. Motus est loci mutatio[b]

Nota. Dixi corpus implere locum[a], hoc est ita saturare

(Cambridge University Library. Manuscript Room.)

SCIENCE ET HUMANISME

ISAAC NEWTON

DE LA GRAVITATION
OU
LES FONDEMENTS DE LA MÉCANIQUE CLASSIQUE

Introduction, Traduction et Notes

de

MARIE-FRANÇOISE BIARNAIS

Ouvrage publié avec le concours du CNRS

LES BELLES LETTRES
95, BOULEVARD RASPAIL
75006 PARIS
1985

ISBN : 2-251-34502-7
ISSN : 0761-2885

PRÉFACE

Il est connu depuis longtemps que Newton laissa à sa mort un nombre considérable de papiers non publiés et traitant des sujets les plus divers, de science naturelle, du Christianisme, de l'histoire de l'église, de mathématiques, d'alchimie ou de l'activité à la Royal Mint *qu'il dirigea pendant si longtemps. Ces papiers renferment des esquisses des livres qu'il rédigea lui-même, des transcriptions d'autres livres, des notes de lectures, des lettres et des ébauches d'écrits restés imparfaits. Certains textes achevés furent imprimés bien avant la mort de Newton mais la publication de ce qui restait dut attendre – sauf rares exceptions – la seconde moitié du XX*e *siècle.*

Parmi ces écrits de Newton restés inconnus et ne traitant pas de mathématiques pures, nul ne doit susciter plus d'intérêt que ce texte sans titre commençant par ces mots : De Gravitatione et Aequipondio fluidorum scientiam duplici methodo tradere convenit. *En effet, ce texte qui s'avère être très différent du Traité d'hydrostatique annoncé liminairement est une étude critique, « épistémologique » avant la lettre, concernant les fondements de la connaissance en physique mécanique. Or, une telle étude est de la plus haute importance car, écrite par Newton dans sa jeunesse, elle exprime à l'égard des fondements de la mécanique des idées similaires, aux degrés de maturité près, à celles des* Principia *et de l'*Optique. *Mais, l'intérêt de ce texte n'est pas seulement historique. Il vient de ce que le cheminement conduisant à ces fondements mêmes est en lui pleinement déployé alors qu'il est absent partout ailleurs et notamment dans les* Principia, *point culminant de la réflexion de Newton en mécanique. En ce cheminement, le jeune auteur s'en prend à la philosophie de son* *illustre prédécesseur, René Descartes. Ainsi, peut-on évaluer la réaction newtonienne à l'étude de cette philosophie. Le point de divergence radicale entre la conception cartésienne et la conception newtonienne de la physique et de ses procédés de connaissance est désormais pleinement mis au jour. Partant, le* De Gravitatione *projette un éclairage saisissant sur l'épistémologie et également la métaphysique newtoniennes, et ce en dépit de son inachèvement scientifique.*

En conséquence, il est très heureux que Mme Marie-Françoise Biarnais porte aujourd'hui à la connaissance des lecteurs français ce texte newtonien décisif, notamment du point de vue des relations intellectuelles franco-anglaises. En effet, son travail concerne l'interprétation anglaise de la philosophie cartésienne autant qu'il éclaire le développement de la tradition expérimentale anglaise. Ainsi, dans ses excellents traduction et commentaire du De Gravitatione, *étend-elle la féconde tradition franco-anglaise de collaboration dans la compréhension de notre héritage scientifique.*

A.R. HALL
Professor of History of Science and Technology
Imperial College — London

INTRODUCTION

Il est très rare de trouver dans les écrits publiés d'Isaac Newton des remarques incidentes sur les fondements de la science physique. Tout au plus, rencontre-t-on, ici ou là, quelques brèves réflexions sur la conception philosophique de l'univers et sur le rapport qu'elle entretient avec le *Système du monde*. Ainsi, le vide et les atomes ou le rôle de Dieu en ce Système font-ils parfois l'objet de quelques paragraphes dans la correspondance [1], les Questions de l'Optique ou le Scholie Général qui termine les Principia.

En revanche, si, dans les écrits publiés, les remarques « épistémologiques » sont rares, elles font saillie ici et là dans les manuscrits de jeunesse, mais de manière plus ou moins cohérente et plus ou moins bien organisée. A cet égard, le *De Gravitatione et Aequipondio Fluidorum* représente le point culminant de ces remarques, en tant que réflexion méthodique sur les fondements de la science mécanique. En effet, c'est bien de « mécanique » qu'il s'agit en ce texte, et plus particulièrement de « mécanique céleste ». Pourquoi « science de la gravitation » ? Car – de nombreux textes en témoignent – la question centrale [2] de l'époque tourne autour d'une explication rigoureuse de

1. Correspondance de I. Newton, edited by A.R. Hall & Turnbull, C.U.P., Volume III, pp. 246 à 256, Lettres 398, 403, 405, 406 ; volume IV, pp. 231 à 248, Lettres 894, 896, 899 et 903.

2. Henry More ou Wallis s'intéressèrent au sujet. Le second notamment publia en 1674 un « Discourse of gravity and gravitation grounded on experimental observations » (presented to the Royal Society the 12th of November 1674) : « (I) shall take for granted (what every day experience testifies) that there is (at least in this sublunary world) such a thing as gravity and gravitation ; whereby those who call heavy

la gravité qui fait descendre les corps dans un milieu donné ou les empêche de descendre ainsi que des principes suceptibles d'en rendre compte. Pourquoi enfin « science de l'équilibre des fluides et des solides dans les fluides ? Car, précisément, le Système du monde en honneur à l'époque bien que fort discuté est la théorie cartésienne des tourbillons où il est fait appel aux propriétés des fluides pour rendre compte du transport des planètes dans l'univers. Ainsi, l'on ne saurait traiter de mécanique, en cette deuxième moitié du XVIIe siècle, sans associer ces deux sciences, comme le fait Newton en ce texte.

Si le texte latin et la traduction anglaise de ce manuscrit de quarante pages répertorié dans le catalogue de Portsmouth [3] qui recense tous les écrits de Newton, ont été publiés en 1962 par M. et Mme Hall [4], en revanche aucune traduction française n'est parue jusqu'à ce jour ni moins encore une étude précise dégageant l'intérêt épistémologique du texte. Tel est précisément ce que nous proposons ici : la traduction française et l'étude épistémologique du texte. Ajoutons que l'original latin, revérifié sur le manuscrit déposé à la bibliothèque de l'université de Cambridge et coté Add 4003, est publié en regard de la traduction, afin de permettre au lecteur de se référer à tout moment à la terminologie newtonienne originelle.

Pourquoi ce texte présente-t-il un tel intérêt épistémologique ? C'est qu'en effet pour la première et unique fois, est produit le mode d'élaboration et de justification des définitions posées en tête des *Principia Mathematica,* en 1687. Nulle part ailleurs, ni en sa correspondance ni en aucun écrit ultérieur, le savant ne s'explique sur ce mode. Dix-neuf définitions sont ici proposées, assorties d'une large note explicative et suivies de deux axiomes et deux propositions d'hydrostatique. Les définitions et la note forment la majeure partie du texte.

bodies have a natural propension to move downwards (towards the earth as its center) if not hindered by some more potent, or at least an equivalent strength). This motion downward, we call Descent ; the endeavour so to move, we call gravitation ; and the principle from whence this endeavour proceeds, we call gravity », pp. 2, 3.

3. Ce catalogue fut publié en 1888 à l'instigation des descendants de la nièce de Newton, Catherine Barton. Les différents écrits sont répartis en 15 sections (mathématiques, chimie, histoire, livres, etc.). Nous renvoyons ici à la note sur l'histoire des manuscrits de Newton rédigée par A.R. Hall, Un published scientific Papers of I. Newton, C.U.P., 1962, pp. XVIII, XVIII.

4. A.R. Hall & Marie Boas-Hall, Unpublished Papers, *op., cit.* note 2, pp. 89 à 156.

On voit dès lors où est concentré l'intérêt de ce texte. Tout d'abord, il est l'aboutissement d'un cheminement complexe et ardu de réflexion sur les véritables fondements de la mécanique. Cette réflexion marque ensuite le point de départ de la mécanique développée dans les *Principia*, œuvre de maturité. Enfin, elle est organisée de manière systématique et forme un tout.

Que le *De Gravitatione* soit un point d'aboutissement, on s'en peut convaincre sans peine en parcourant les écrits de jeunesse de Newton restés non publiés pour la plupart, dans la salle des manuscrits de l'Université de Cambridge. En effet, les tout premiers écrits sont très nettement empreints de l'influence aristotélicienne qui marque encore profondément l'enseignement à Cambridge. Ainsi, trouve-t-on des commentaires de l'*Organon* qui sont d'ailleurs en partie tirés de l'œuvre de Daniel Stahl [5]. Mais, nulle part en ces commentaires, n'émerge une tentative personnelle d'approfondissement de la logique aristotélicienne. Il en est de même dans les *Quaestiones quaedam Philosophiae* [6]. Une pléiade de réflexions y est produite sur les sujets les plus divers : la nature de la matière première, les atomes et le vide, le son, la matière céleste et les tourbillons, les étoïles, les planètes et comètes, le temps, l'éternité, la densité et la rareté, la chaleur et le froid, la réflexion de la lumière, l'attraction magnétique, etc. Certes, cet écrit marque une étape nouvelle dans la réflexion newtonienne sur la science. Il s'y dessine en effet une ligne très nette de rupture avec la philosophie aristotélicienne. Mais, de fait, cette rupture ne saurait être imputée à une réflexion propre au jeune auteur : tout au plus, renvoie-t-elle, imparfaitement d'ailleurs, la lumière de sources très inégalement assimilées, celles de Henry More, Descartes, Galilée et Gassendi, et ce par l'intermédiaire de la *Physiologia Epicuro-Gassendo Charletoniana* [7]. Ainsi, lorsque Newton tente d'approfondir et de compléter la preuve de la nature atomique de la matière produite par H. More dans *The Immortality of the soul*, il s'enfonce en une argumentation des plus complexes qu'il n'achève pas. Commencée à la page trois du manuscrit, en effet, cette argumentation est

5. *Cf. Ex Aristotelis Stagiritae Peripateticorum Principis Organo*. 1661, Add. 3996. Nous nous référons notamment à « Johanni Magiri Phisiologiae Peripateticae Contractio », pp. 16 et ss., que nous appelons dans les pages qui suivent la « Contractio ».

6. Ce manuscrit est coté : Add MS 3996 à Cambridge.

7. L'ensemble de ces sources sont signalées par Mr Westfall dans *Force in Newton's physics (Newton and the concept of Force*, pp. 325, 326).

abandonnée puis reprise soixante pages plus loin sans succès. Elle est d'ailleurs entièrement biffée en ce lieu par l'auteur. De même, l'approche de la théorie cartésienne des tourbillons est faite sous forme de *Quaestiones* [8].

Si donc Newton ressent bien les insuffisances de la physique de son époque, il est encore tout à fait incapable de produire lui-même à son tour les critères d'une physique consistante. C'est sous ce rapport, précisément que le *De Gravitatione* marque une étape déterminante de la réflexion newtonienne. En effet, ce texte se présente non plus sous la forme de *Quaestiones* sur tel ou tel sujet de science ou de philosophie mais sous la forme de *Remarques sur la Philosophie cartésienne.* Il est d'ailleurs décrit en ces termes dans le Catalogue de Portsmouth [9]. La physique des *Principia Philosophiae* de 1644 y est reprise à sa source et les articles fondamentaux sur lesquels cette physique est assise y sont minutieusement analysés, voire « disséqués ». Ainsi, ce n'est pas seulement la troisième partie qui est remise en question mais avant tout la seconde concernant les Principes des choses matérielles et même la première concernant les Principes de la connaissance humaine.

Ainsi, sans donner de date précise à ces *Remarques sur la philosophie cartésienne,* on peut, en revanche, les considérer comme très certainement postérieures aux réflexions sur l'*Organon* aristotélicien et aux *Quaestiones,* elles, datées de 1661. En effet, si les problématiques et le vocabulaire aristotéliciens sont encore mis en œuvre pour expliciter certaines argumentations, ils sont aussi le plus souvent mis à l'écart comme impropres à exprimer les nouveaux concepts fondamentaux de la mécanique. Ainsi, l'étape de la recherche à laquelle correspondent les *Quaestiones* est bien assimilée et dépassée dans le *De Gravitatione.* D'ailleurs, certaines argumentations développées en 1661 sont implicites ici, telles, par exemple, les expériences [10] sur les différences de densité des corps en des milieux fluides différents.

8. Add MS 3996, F. 12. Of ye Sunn, Stars & Plannets & Comets » : « Whether move ye vortex about (as Descartes writes) by his beames. Pag. 54, Princip. Philos. : partie 3e. Whether ye vortex can carry a comet towars ye poles etc. Whence tis y^{t} y^{e} is turned about upon his axis. Whether Cartes his reflexion will unriddle ye mistery of a Comets birth ».

9. Catalogue of Portsmouth, p. 48, n° 17.

10. Ces expériences sont supposées à la fin du texte, pp. 70, 72.

Toutefois, point d'aboutissement d'une recherche en philosophie des sciences, le *De Gravitatione* ne représente pas, tant s'en faut, l'acmé des réflexions scientifiques de Newton. En effet, la gravité n'y est en rien rapportée au concept de force centripète ; le rôle précis de l'accélération dans la pesanteur n'est donc pas non plus perçu et la loi d'égalité de l'action et de la réaction dont ressort en 1687 la loi de gravitation universelle, n'est pas davantage pressentie, car les concepts de force et de ses espèces ne sont pas clairement définis. Ainsi, doit-on considérer ce texte comme très antérieur aux différentes versions du *De Motu* en 1684 qui servirent à l'élaboration définitive des *Principia Mathematica Philosophiae Naturalis,* antérieur même à la fameuse année 1666 où Newton, retiré de Londres où sévit la peste, a l'intuition d'une analogie entre la force de pesanteur d'un corps sur la Terre et celle qui retient la Lune sur son orbe autour de la Terre. Dès lors, le *De Gravitatione* aurait pu être écrit entre 1662 et 1665 : Newton avait alors entre vingt et vingt-trois ans.

Toutefois, s'il manque au *De Gravitatione* les développements scientifiques promis en l'introduction, les deux propositions d'hydrostatique sur lesquelles il s'achève n'en sont pas moins reproduites, bien que réaffinées, vingt ans plus tard, au Livre second des *Principia.* Sans doute, manque-t-il à Newton d'importantes expérimentations relatives notamment à la gravité des corps. Mais, il manque surtout une élaboration plus épurée des fondements de la mécanique.

Il n'en reste pas moins — redisons-le — que le texte tire son unité et sa cohérence d'une question posée et reposée d'un bout à l'autre et explorée sous tous les angles : à quels critères doivent répondre des concepts véritablement fondateurs de la science mécanique. Aussi bien, même si le *De Gravitatione* ne représente pas l'acmé de la réflexion scientifique newtonienne, il n'en pose pas moins les bases de la mécanique ultérieurement développée et doit être considéré désormais comme le point de départ d'une nouvelle conception mécanique, celle-là même dont est issue la mécanique classique, encore en usage à ce jour. Aussi bien, quand J. Pellet estima le *De Gravitatione* « non fit to be printed » [11], il avait raison du point de vue scientifique, strictement entendu, mais non du point de vue de l'histoire des sciences et de l'épistémologie.

11. Cette inscription figure sur la page qui précède le texte manuscrit et est datée du 25 septembre 1727.

Enfin, qu'il nous soit permis de remercier ici même tous ceux qui, par leurs conseils bienveillants, nous ont aidé dans notre tâche et notamment Jean Pierre Verdet qui fut le premier à s'intéresser à ce texte et à en favoriser la publication ainsi que A. Segonds à qui l'on doit l'affinement de la traduction entière. A. R. Hall, l'éminent éditeur de la correspondance de Newton et d'Oldenburg, qui relut et préfaça un premier travail consacré aux *Principes mathématiques de la Philosophie naturelle*, a bien voulu faire de même pour cette étude du *De Gravitatione* : nous lui en témoignons toute notre reconnaissance.

Mais, nous n'aurions jamais pu réaliser notre vœu, celui de porter ce texte à la connaissance du public français et d'en prouver l'intérêt en histoire et philosophie des sciences, sans la bienveillance de M. P. de Mijolla, Président Directeur Général de la société d'édition les Belles Lettres, qui a bien voulu accepter de publier ce travail, avec une subvention du C.N.R.S.

DE LA GRAVITATION ET DE L'ÉQUILIBRE DES FLUIDES ET DES SOLIDES DANS LES FLUIDES

Il convient de traiter la science de la gravitation et de l'équilibre des fluides et des solides dans les fluides par une *méthode double*. Dans la mesure où elle appartient aux sciences mathématiques, il est juste de faire le plus possible abstraction de considération physique. C'est donc pour cette raison que j'ai décidé de démontrer strictement, à la manière des géomètres, chaque proposition de cette science, en partant de principes abstraits et suffisamment reconnus de quiconque y applique son esprit. Puis, comme on estime [aussi] que cette doctrine est d'une certaine manière apparentée à la Philosophie naturelle, en tant qu'elle convient à l'examen approfondi de la plupart des phénomènes de Philosophie naturelle et comme ainsi son utilité en est particulièrement manifeste et que la certitude de ses principes peut en être confirmée, je ne ferai pas même difficulté à illustrer les propositions au moyen d'expériences : mais je ferai en sorte que ce genre d'exposés longuement développés soit relégué dans des Scholies pour qu'on ne le confonde pas avec mon premier genre d'exposés traité sous forme de lemmes, propositions et corollaires.

DE GRAVITATIONE ET AEQUIPONDIO FLUIDORUM ET SOLIDORUM IN FLUIDIS

De Gravitatione et aequipondio fluidorum et solidorum in fluidis scientiam duplici methodo tradere convenit. Quatenus ad scientias Mathematicas pertinet, aequum est ut a contemplatione Physica quam maxime abstraham. Et hac itaque ratione singulas ejus propositiones e principijs abstractis et attendenti satis notis, more Geometrarum, stricte demonstrare statui. Deinde cum haec doctrina ad Philosophiam naturalem quodammodo affinis esse censeatur, quatenus ad plurima ejus Phaenomena enucleanda accomodatur, adeoque cum usus ejus exinde praesertim elucescat et principiorum certitudo fortasse confirmetur, non gravabor propositiones ex abundanti experimentis etiam illustrare : ita tamen ut hoc laxius disceptandi genus in Scholia dispositum, cum priori per Lemmata, propositiones et corollaria tradito non confundatur.

Les fondements à partir desquels il faut démontrer cette science sont soit les définitions de certains mots, soit les axiomes et postulats que nul ne peut refuser. Je vais les exposer sur-le-champ.

Définitions

Les noms de quantité, de durée et d'espace sont trop connus pour pouvoir être définis par d'autres mots.

Définition 1 : Le lieu est la partie de l'espace qu'une chose remplit exactement.

Définition 2 : Le corps est ce qui remplit le lieu.

Définition 3 : Le repos est la persistance en un même lieu.

Définition 4 : Le mouvement est le changement de lieu.

A noter : j'ai dit que « le corps remplit le lieu » pour signifier qu'étant impénétrable il le remplit de telle manière qu'il en exclut entièrement d'autres choses de même genre ou d'autres corps. On pourrait dire aussi d'un lieu qu'il est une partie de l'espace dans laquelle une chose se trouve exactement, mais comme on ne considère ici que des corps et non des choses pénétrables, j'ai préféré définir le lieu comme la partie de l'espace qu'une chose remplit.

De plus, puisque le corps est ici proposé comme objet d'examen, non en tant que substance physique dotée de qualités sensibles mais seulement en tant qu'étendu, mobile et impénétrable, je ne l'ai donc pas défini, à la manière des Philosophes ; mais, après avoir fait abstraction des qualités sensibles (dont les Philosophes doivent aussi faire abstraction, sauf erreur de ma part, et qu'ils doivent attribuer à l'esprit comme si [ces qualités] étaient différents modes de penser suscités par les mouvements des corps), j'ai seulement posé les propriétés requises pour le mouvement local.

Ainsi on peut prendre, à la place d'un corps physique des figures abstraites, tels les Géomètres quand ils attribuent en esprit du mouvement à ces figures, comme aux *Propositions* 4 et 8 du *Livre* I des *Éléments* d'Euclide. Il faut faire cela aussi pour démontrer la *Définition* 10 du *Livre* 11, si l'on admet que celle-ci est mise par erreur au nombre des *Définitions* et qu'elle devrait plutôt être démontrée dans les Propositions, à moins qu'elle puisse être prise comme axiome.

Fundamenta ex quibus haec scientia demonstranda est sunt vel définitiones vocum quarundam ; vel axiomata et postulata a nemine non concedenda. Et haec a vestigio tradam.

Definitiones

Nomina quantitatis, durationis et spatij notiora sunt quam ut per alias voces definiri possint.

Def. : 1. Locus est spatij pars quam res adaequate implet

Def. : 2. Corpus est id quod locum implet

Def. : 3. Quies est in eodem loco permansio

Def. : 4. Motus est loci mutatio

Nota. Dixi corpus implere locum, hoc est ita saturare ut res alias ejusdem generis sive alia corpora penitus excludat, tamquam ens impenetrabile. Potuit autem locus dici pars spatij cui res adaequate inest, sed cum hic corpora tantum et non res penetrabiles spectentur, malui definire esse spatij partem quam res implet.

Praeterea cum corpus hic speculandum proponatur non quatenus est Substantia Physica sensibilibus qualitatibus praedita sed tantum quatenus est quid extensum mobile et impenetrabile ; itaque non definivi pro more philosophico, sed abstrahendo sensibiles qualitates (quas etiam Philosophi ni fallor abstrahere debent, et menti tanquam varios modos cogitandi a motibus corporum excitatos tribuere), posui tantum proprietates quae ad motum localem requiruntur. Adeo ut vice Corporis Physici possis figuras abstractas intelligere quemadmodum Geometrae contemplantur cum motum ipsis tribuunt, ut fit in prop 4 & 8, lib 1 Elem Euclid. Et in demonstratione definitionis 10mae, lib 11 debet fieri ; siquidem ea inter definitiones vitiose recensetur & potius inter propositiones demonstrari debuit, nisi forte pro axiomate habeatur.

En outre, j'ai défini le mouvement comme changement de lieu parce que le mouvement, le passage, la translation, la migration, etc., me paraissent être des termes synonymes. Mais, si l'on préfère, admettons que le mouvement soit le passage ou la translation d'un corps d'un lieu à un autre.

D'ailleurs, comme en ces Définitions, je suppose que l'espace est donné comme une chose distincte du corps et comme je détermine le mouvement par rapport aux parties de cet espace et non par rapport à la position des corps voisins, je m'efforcerai de supprimer les fictions de Descartes, afin que mon propos ne soit pas pris comme gratuitement opposé aux Cartésiens.

La doctrine de Descartes, je peux la résumer dans les trois Propositions suivantes :

1. A chaque corps appartient seulement un unique mouvement propre, selon la vérité (Articles 28, 31 et 32 - Parties 2 - Principes), qui est défini comme la translation d'une seule partie de matière ou d'un seul corps, à partir du voisinage des corps, qui sont immédiatement contigus à celle-ci ou à celui-ci (Article 25 - Partie 2 et Art. 28 - Partie 3 - Principes) et qui sont considérés comme en repos dans le voisinage d'autres corps.

2. On doit entendre par « corps mû d'un mouvement propre », d'après cette définition, non seulement une particule de matière ou un corps composé de parties qui sont en repos entre elles, mais aussi toute chose qui est transportée simultanément ; même si cette chose peut être à son tour composée de multiples parties ayant d'autres mouvements entre elles (Article 25 - Partie 2 - Principes).

3. Outre ce mouvement propre à chaque corps, d'autres mouvements innombrables peuvent réellement appartenir à ce corps par participation (ou en tant que ce corps est une partie d'autres corps ayant d'autres mouvements) (Article 31 - Partie 2 - Principes). Toutefois ces mouvements ne sont pas des « mouvements » au sens Philosophique et en s'exprimant selon la raison (Article 29 - Partie 3) et aussi selon la vérité (Article 25 - Partie 2 et Article 28 - Partie 3), mais ils le sont seulement improprement et selon le sens commun (Articles 24, 25, 28 et 31 - Partie 2 et Article 29 - Partie 3). Cette sorte de mouvement semble être décrite [par Descartes] comme l'action par laquelle un corps passe d'un lieu à un autre (Article 24 - Partie 2 et Article 28 - Partie 3).

Definivi praeterea motum esse loci mutationem, propterea quod motus, transitio, translatio, migratio &c videntur esse voces synonymae. Sin malueri esto motus transitio vel translatio corporis de loco in locum.

Caeterum in his definitionibus cum supposuerim spatium a corpore distinctum dari, et motum respectu partium spatij istius, non autem respectu positionis corporum contiguorum determinaverim ne id gratis contra Cartesianos assumatur, Figmenta ejus tollere conabor.

Doctrinam ejus in sequentibus tribus propositionibus complecti possum Io Quod unicuique corpori unicus tantum motus proprius ex rei veritate competit (Artic 28, 31 & 32 part 2 Princip :) qui definitur esse Translatio unius partis materiae sive unius corporis ex vicinia eorum corporum quae illud immediate contingunt, et tanquam quiescentia spectantur, in viciniam aliorum. (Art 25 part 2, & Artic 28 part 3 Princip). 2do Quod per corpus proprio motu juxta hanc definitionem translatum non tantum intelligitur materiae particula aliqua vel corpus ex partibus inter se quiescentibus compositum, sed id omne quod simul transfertur ; etsi rursus hoc ipsum constare possit ex multis partibus quae alios inter se habeant motus. Art 25, part 2, Princip 3o Quod praeter hunc motum unicuique corpori proprium, innumeri etiam alij motus per pa[r]ticipationem (sive quatenus est pars aliorum corporum alios motus habentium) possunt ipsi revera : in esse (Art 31, part 2 Princip) : Qui tamen non sunt motus in sensu philosophico & cum ratione loquendo (Art 29 part 3) & secundum rei veritatem (Art 25, part 2 & Art 28 part 3 :) sed improprie tantum et juxta sensum vulgi. (Art 24, 25, 28, & 31 part 2, & Art 29, part 3). Quod motuum genus videtur (Art 24 part 2, & 28 part 3) describere esse actionem qua corpus aliquod ex uno loco in alium migrat.

Et quemadmodum duplices constituit motus, proprios nempe ac derivativos, sic duplicia loca assignat e quibus isti motus peraguntur,

De même qu'il établit deux sortes de mouvements, à savoir les propres et les dérivés, de même il assigne deux types de lieux à partir desquels ces mouvements s'accomplissent : ce sont les surfaces des corps qui entourent immédiatement les mobiles (Article 15 - Partie 2) et la situation [des mobiles] par rapport à d'autres corps quelconques (Article 13 - Partie 2 et Article 29 - Partie 3).

Eh bien, maintenant, non seulement les absurdes conséquences de cette doctrine nous convainquent de sa confusion et de son désaccord avec la raison, mais en outre Descartes semble le reconnaître, en se contredisant lui-même. Il dit en effet que la Terre et les autres Planètes ne se meuvent pas à proprement parler et au sens philosophique et que celui, qui dit de la Terre qu'elle se meut à cause de sa translation par rapport aux fixes (Articles 26, 27, 28, 29 - Partie 3), parle sans bon sens et de manière vulgaire. Mais cependant, par la suite, il attribue à la Terre et aux Planètes un effort pour s'éloigner du Soleil comme centre autour duquel elles se meuvent, effort par lequel elles sont placées en équilibre à leurs distances respectives du Soleil, au moyen d'un effort semblable du tourbillon en révolution (Article 140 - Partie 3). Qu'en est-il donc ? Cet effort doit-il être tiré du repos vrai et philosophique des Planètes selon Descartes ou plutôt de leur mouvement vulgaire et non philosophique ? Mais Descartes dit en outre qu'une Comète fait un effort moindre pour s'éloigner du Soleil lorsqu'elle commence à s'engager dans le tourbillon et que, conservant presque la même position par rapport aux fixes, elle ne cède pas encore à l'*impetus* du tourbillon mais est transportée du voisinage de l'éther qui lui est contigu, et tourne ainsi autour du Soleil, à parler philosophiquement ; et par la suite la Comète est emportée avec la matière du tourbillon, et ceci fait qu'elle est en repos en cette matière au sens philosophique (Articles 119 et 120 - Partie 3). C'est pourquoi, le Philosophe n'est pas conséquent avec lui-même, en admettant maintenant comme fondement de la philosophie, le mouvement au sens vulgaire qu'il rejetait un peu auparavant, et en rejetant maintenant ce mouvement comme nul dont il avait dit auparavant qu'il était le seul vrai et philosophique, selon la nature. De plus, comme le mouvement de révolution de la Comète autour du Soleil, au sens de cette philosophie, ne produit pas l'effort d'éloignement du centre, que le mouvement de révolution au sens vulgaire peut produire, c'est assurément le mouvement au sens vulgaire qu'il faut admettre plutôt que le mouvement au sens philosophique.

Deuxièmement, il semble se contredire lui-même quand il avance qu'un seul mouvement appartient à chaque corps conformément à la

eaque sunt superficies corporum immediate ambientium (Art 15 part 2), et situs inter alia quaecunque corpora (Art 13 part 2 & 29 part 3).

Jam vero quam confusa et rationi absona est haec doctrina non modo absurdae consequentiae convincunt, sed et Cartesius ipse sibi contradicendo videtur agnoscere. Dicit enim Terram caeterosque Planetas proprie et juxta sensum Philosophicum loquendo non moveri, eumque sine ratione et cum vulgo tantum loqui qui dicit ipsam moveri propter translationem respectu fixarum (Art 26, 27, 28, 29 part 3). Sed postea tamen in Terra et Planetis ponit conatum recedendi a Sole tanquam a centro circa quod moventur, quo per consimilem conatum Vorticis gyrantis in suis a Sole distantijs librantur Art 140 part 3. Quid itaque ? an hic conatus a quiete Planetarum juxta Cartesium vera et Philosophica, vel potius a motu vulgi et non Philosophico derivandus est ? At inquit Cartesius praeterea quod Cometa minus conatur recedere a sole cum primum vorticem ingreditur et positionem inter fixas fere retinens nondum obsequitur Vorticis impetui sed respectu ejus transfertur e vicinia contigui aetheris, adeoque philosophice loquendo circa solem gyrat ; quam postea cum Vorticis materia Cometam secum abripuit fecitque ut in ea juxta sensum philosophicum quiesceret. Art 119 et 120 part 3. Haud itaque sibi constat Philosophus jam adhibens motum vulgi pro fundamento Philosophiae, quem paulo ante rejecetrat, et motum illum jam pro nullo rejiciens quem solum antea dixerat esse secundum rei naturam verum et philosophicum. Et cum gyratio Cometae circa Solem in ejus sensu Philosophico non efficit conatum recedendi a centro, quem gyratio in sensu vulgi potest efficere, sane motus in sensu vulgi pro magis philosophico debet agnosci.

Secundo videtur sibi contradicere dum ponit unicum cuique corpori motum juxta rei veritatem competere, et tamen motum istum ab imaginatione nostra pendere statuit, definiendo esse translationem e vicinia corporum non quae quiescunt, sec quae ut quiescentia tantum spectantur etiamsi forte moveant, quemadmodum in Artic 29 et 30,

vérité et qu'il affirme malgré tout que ce mouvement dépend de notre imagination, en le définissant comme une translation du voisinage des corps qui sont non en repos mais sont seulement considérés comme tels, même s'il leur arrive de se mouvoir, comme c'est expliqué très longuement aux Articles 29 et 30 de la Partie 2. A partir de là, il pense qu'il peut esquiver les difficultés relatives à la translation mutuelle des corps, à savoir : pourquoi dit-on que l'un se meut plutôt que l'autre et pourquoi dit-on qu'un bateau est au repos sur une eau qui coule quand sa position entre les rives ne change pas (Article 15 - Partie 2) ? Mais, pour rendre évidente la contradiction, imaginez que la matière du tourbillon soit considérée comme en repos par un homme : la Terre sera alors en même temps au repos, philosophiquement parlant ; imaginez encore qu'au même moment, quelqu'un d'autre considère cette même matière du tourbillon comme mûe circulairement : la Terre ne sera pas alors au repos, philosophiquement parlant. De même, un bateau sur la mer à la fois se mouvra et ne se mouvra pas ; et ce, en prenant le mouvement non pas au sens vulgaire et plus lâche selon lequel chaque corps a d'innombrables mouvements mais au sens philosophique selon lequel Descartes dit du mouvement qu'il est unique pour chaque corps, propre à chacun et qu'il lui appartient selon la nature (et non selon notre imagination).

Troisièmement, il ne semble pas conséquent avec lui-même quand il avance qu'un mouvement unique appartient à chaque corps, selon la vérité, mais que cependant il y a réellement d'innombrables mouvements dans chaque corps (Article 31 - Partie 2). Car les mouvements qui sont réellement dans un corps, sont réellement des mouvements naturels ; et donc, ils sont mouvements, au sens philosophique et conformément à la vérité, même s'il prétend qu'ils le sont au seul sens vulgaire. Ajoutez que lorsqu'un tout se meut, toutes les parties dont il est constitué et qui sont transportées en même temps que lui seront réellement au repos, à moins qu'on leur accorde le mouvement réel par participation au mouvement du tout ; et par conséquent, elles auront d'innombrables mouvements selon la vérité des choses.

Mais, voyons en outre combien cette doctrine cartésienne est absurde à partir de ses conséquences. Avant tout, de même qu'il prétend avec force que la Terre ne se meut pas parce qu'elle n'est pas transportée à partir du voisinage de l'éther qui lui est contigu ; de même, il suit des principes précédents que les particules internes des corps durs, étant donné qu'elles ne sont pas transportées depuis le voisinage des particules qui leur sont immédiatement contiguës, n'ont

part 2 latius explicatur. Et hic putat se posse difficultates circa mutuam translationem corporum eludere cur nempe unum potius quam aliud moveri dicatur, et cur navis aqua praeter fluente dicitur quiescere cum positionem inter ripas non mutat. Art 15 part. 2. Sed ut pateat contradictio, finge quod materia vorticis a quolibet homine tanquam quiescens spectatur et Terra philosophice loquendo simul quiescet : finge etiam quod alius quisquam eodem tempore spectat eandem Vorticis materiam ut circulariter motam, et terra philosophice loquendo non quiescet. Ad eundem navis in mari simul movebit et non movebit ; idque non sumendo motum in laxiori sensu vulgi, quo innumeri sunt motus cujusque corporis, sed in ejus sensu philosophico quo dicit unicum esse in quolibet corpore, et ipsi proprium esse et ex rei (non imaginationis nostrae) natura competere.

Tertio videtur haud sibi constare dum ponit unicum motum cuique corpori secundum rei veritatem competere, et tamen (Art 31 part 2) innumeros motus unicuique corpori revera inesse. Nam motus qui revera insunt alicui corpori, sunt revera motus naturales, adeoque motus in sensu philosophico et secundum rei veritatem, etiamsi contendat esse motus in solo sensu vulgi. Adde quod cum totum aliquod movetur, partes omnes ex quibus una translatis constituitur revera quiescent, nisi concedantur vere moveri participando de motu totius, et proinde motus innumeros juxta rei veritatem habere.

Sed videamus praeterea ex consequentijs quam absurda est haec Cartesij doctrina. Et imprimis quemadmodum acriter contendit Terram non moveri quia non transfertur e vicinia contigui aetheris ; sic ex ijsdem principijs consectatur quod corporum durorum internae particulae, dum non transferuntur e vicinia particularum immediate contingentium, non habent motum proprie dictum sed moventur tantum participando de motibus externarum particularum : imo quod externarum partes interiores non moventur motu proprio quia non transferuntur e vicinia partium internarum : Adeoque quod sola superficies externa cujusque corporis movetur motu proprio, et quod tota interna substantia, hoc est totum corpus movetur per participationem

pas de mouvement proprement dit mais sont mûes seulement en tant qu'elles participent aux mouvements des particules externes : mais pire encore, il suit que les parties internes des parties externes ne se meuvent pas d'un mouvement propre, puisqu'elles ne sont pas transportées à partir du voisinage des [autres] parties internes. Par conséquent, la seule surface de chaque corps se meut d'un mouvement propre et toute la substance interne, c'est-à-dire tout le corps se meut par participation au mouvement de la surface externe. La définition fondamentale du mouvement est donc défectueuse parce qu'elle attribue aux corps ce qui est propre à leurs surfaces et fait qu'aucun mouvement ne peut être propre à chaque corps.

En second lieu, si nous considérons le seul *Article* 25 de la *Partie* 2, chaque corps aura non seulement un unique mouvement propre mais une multitude, pourvu que l'on accorde le mouvement propre et selon la vérité des choses aux éléments dont le tout se meut à proprement parler. Et ce, parce qu'il entend par corps dont il définit le mouvement, tout ce qui est transporté en même temps, même si, d'aventure, le corps est fait de parties qui ont entre elles d'autres mouvements ; par exemple un tourbillon avec toutes les planètes ou un bateau voguant sur l'eau avec tout ce qui est à l'intérieur ou un homme avec tout ce qu'il emporte se promenant sur un bateau, ou la roue d'une horloge avec les particules qui forment le métal. Car, à moins de dire que le mouvement d'un agrégat tout entier ne détermine pas le mouvement appartenant, en propre et selon la vérité, à ses parties, on devra reconnaître que tous ces mouvements de roues d'horloge, d'un homme, d'un bateau et d'un tourbillon sont réellement et philosophiquement parlant dans les particules des roues.

Ces deux conséquences montrent en outre, manifestement qu'aucun des mouvements ne peut être dit vrai, absolu et propre de préférence à d'autres mais que tous, qu'ils soient [estimés] par rapport aux corps voisins ou éloignés, sont également philosophiques, de sorte que nous ne pouvons rien imaginer de plus absurde. Car, à moins d'accorder que chaque corps a un mouvement physique unique et que les autres changements de relations et de positions entre d'autres corps ne sont que dénominations externes : il suivra que la Terre, par exemple, fait un effort pour s'éloigner du centre du Soleil en raison de son mouvement relatif par rapport aux fixes ; puis, son mouvement étant plus petit par rapport à Saturne et à l'orbe éthéré dans lequel il se meut, elle fait un moindre effort d'éloignement du centre du Soleil et un encore moindre par rapport à Jupiter et à l'éther environnant dont l'orbe de Jupiter est formé ; [l'effort] est encore

motus externae superficiei. Peccat igitur motus definitio fundamentalis quae tribuit id corporibus quod solis superficiebus competit, facitque ut nullus potest esse motus cuivis corpori proprius.

Secundo. Quod si spectemus solam Artic 25 part 2. Unumquodque corpus non unicum tantum sed innumeros sibi proprios motus habebit, dummodo proprie et juxta rei veritatem moveri dicentur quorum totum proprie movetur. Idque quia per corpus cujus motum definit, intelligit id omne quod simul transfertur, etsi hoc ipsum constare potest ex partibus alios motus inter se habentibus ; puta Vorticem una cum omnibus planetis vel navem una cum omnibus quae insunt mari innatantem, vel hominem in navi ambulantem una cum rebus quae secum defert, aut horologij rotulam una cum particulis metallum constituentibus. Nam nisi dices quod totius aggregati motus non ponit motum proprie et secundum rei veritatem partibus competentem, fatendum erit quod hi omnes motus rotularum horologij, hominis, navis, & vorticis revera et philosophice loquendo inerunt rotularum particulis.

Ex utraque harum consequentiarum patet insuper quod e motibus nullus prae alijs dici potest verus absolutus et proprius, sed quod omnes, sive respectu contiguorum corporum sive remotorum, sunt similiter philosophici, quo nihil absurdius imaginari possumus. Nisi enim concedatur unicum cujusque corporis motum physicum dari, caeterasque respectuum et positionum inter alia corpora mutationes, esse tantum externas denominationes : sequetur Terram verbi gratia conari recedere a centro Solis propter motum respectu fixarum, et minus conari recedere propter minorem motum respectu Saturni et aetherei orbis in quo vehitur, atque adhuc minus respectu Jovi et aetheris circumducti ex quo orbis ejus conflatur, et iterum minus respectu Martis ejusque orbis aetherei, multoque minus respectu aliorum orbium aethereae materiae qui nullum Planetam deferentes sunt propriores orbi annuo Terrae ; respectu vero proprij orbis non omnino conari, quoniam in eo non movetur. Qui omnes conatus et non conatus cum non possunt absolute competere dicendum est

moindre par rapport à Mars et à son orbe éthéré et bien moindre par rapport aux autres orbes faits de matière éthérée qui, sans porter de Planète, sont plus proches de l'orbe annuel de la Terre ; mais, par rapport à son orbe propre, la Terre ne fait pas d'effort du tout, puisqu'elle ne se meut pas en lui. Or puisque tous ces efforts et ce non-effort ne peuvent s'accorder dans l'absolu, il vaut mieux dire que la Terre a un seul et unique mouvement naturel et absolu qui lui fait faire un effort d'éloignement du Soleil, et que les translations de cette planète par rapport aux corps extérieurs ne sont que dénominations externes.

Troisièmement, de la doctrine cartésienne il suit qu'un mouvement peut être produit sans qu'aucune force ne soit imprimée. Par exemple, si Dieu provoquait soudainement l'arrêt du mouvement giratoire de notre tourbillon sans imprimer à la Terre de force susceptible de l'arrêter en même temps : Descartes dirait qu'à cet instant la Terre se meut au sens philosophique à cause de sa translation à partir du voisinage du fluide qui lui est contigu, alors qu'auparavant il a dit au même sens philosopique qu'elle était au repos.

Quatrièmement. De cette doctrine suit aussi que même Dieu est incapable de produire un mouvement sur quoi que ce soit, même s'il le pousse avec une très grande force. Par exemple, si jamais Dieu poussait le ciel étoilé en même temps que toutes les parties de la création les plus lointaines avec une force assez grande pour provoquer la révolution du Ciel autour de la Terre (par exemple avec un mouvement diurne) : on affirmerait selon Descartes, non pas pour autant que le Ciel se meut véritablement mais que seule la Terre se meut ainsi (Article 38 - Partie 3). Comme si c'était la même chose que de produire la conversion des cieux de l'Orient à l'Occident avec une force formidable ou de faire tourner la Terre en sens contraire avec une petite force. Mais qui pensera que les parties de la Terre font un effort pour s'éloigner du centre des cieux uniquement à cause d'une force imprimée aux cieux ? Ou bien, n'est-il pas plus conforme à la raison qu'une force appliquée aux Cieux produise un effort d'éloignement de ceux-ci à l'égard du centre du mouvement circulaire ainsi produit et que, donc, eux seuls se meuvent en propre et absolument ; et qu'une force imprimée à la Terre produise un effort d'éloignement de ses parties à l'égard du centre du mouvement circulaire ainsi produit et que, donc, elle seule se meut en propre et dans l'absolu : même si la translation des corps entre eux est la même dans les deux cas. Par conséquent le mouvement physique et absolu doit être dési-

potius quod unicus tantum motus naturalis et absolutus Terrae competit, cujus gratia conatur recedere a Sole, et quod translationes ejus respectu corporum externorum sunt externae tantum denominationes.

Tertio. Sequitur e doctrina Cartesiana, motum ubi nulla vis imprimitur generari posse. Verbi gratia si Deus efficeret ut Vortecis nostri gyratio derepente sisteretur, nulla vi in terram impressa quae simul sisteret : diceret Cartesius quod terra propter translationem e vicinia contingentis fluidi, jam in sensu philosophico moveret, quam prius dixit in eodem philosophico sensu quiescere.

Quarto. Ab eadem doctrina sequitur etiam quod Deus ipse in aliquibus motum generare nequit etsi vi maxima urgeat. Verbi gratia si caelum stellatum una cum omni remotissima parte creationis, Deus unquam vi maxima urgebat ut causaretur (puta motu diurno) circa terram convolvi ; tamen inde non caelum sed terra tantum juxta Cartesium revera moveri diceretur Art 38 part 3. Quasi perinde esset sive vi ingenti effecerit caelos ab oriente ad occidentem converti, sive vi parva terram in contrarias partes converterit. At quisquam putabit quod partes terrae conantur a centro ejus recedere propter vim caelis solum modo impressam ? Vel non est rationi magis consentaneum ut vis caelis indita faciat illos conari recedere a centro gyrationis inde causatae, et ideo solos proprie et absolute moveri ; et quod vis terrae impressa faciat ejus partes conari recedere a centro gyrationis inde causatae, et ideo solam proprie et absolute moveri : Etiamsi similis est in utroque casu translatio corporum inter se. Et proinde motus physicus et absolutus aliunde quam ab ista translatione denominandus est, habita translatione ista pro externa tantum denominatione.

Quinto. A ratione videtur alienum ut corpora, absque motu physico, distantias et positiones inter se mutent : sed ait Cartesius quod Terra caeterique planetae et stellae fixae proprie loquendo quiescunt, et tamen mutant positiones inter se.

gné autrement que par cette translation, cette translation n'étant plus considérée que comme une désignation externe.

Cinquièmement. Il semble étranger à la raison que les corps, en dehors de tout mouvement physique, changent de distances et de positions entre eux : mais, Descartes dit que la Terre, les autres planètes et les étoiles fixes sont au repos à proprement parler et qu'elles changent cependant de position entre elles.

Sixièmement. Inversement, il ne semble pas moins étranger à la raison que plusieurs corps gardent les mêmes positions entre eux alors que l'un se meut physiquement et que les autres sont au repos. Mais si Dieu arrêtait une planète et lui faisait garder continuellement la même position parmi les étoiles fixes, Descartes ne dirait-il pas que la planète se mouvrait physiquement en raison de sa translation de la matière du tourbillon et bien que les étoiles ne se meuvent pas.

Septièmement. Je demande à quel titre on dira qu'un corps se meut en propre alors que les autres corps du voisinage desquels il est transporté, ne sont pas considérés comme en repos ou plutôt même alors qu'ils ne peuvent pas être considérés comme en repos. Par exemple, comment notre tourbillon peut-il être dit se mouvoir circulairement, à cause de la translation de sa matière près de la circonférence, à partir du voisinage de matière semblable des autres tourbillons voisins, puisque la matière des tourbillons voisins ne peut pas être considérée comme en repos ; et ce non seulement par rapport à notre tourbillon mais encore parce que ces tourbillons ne sont pas en repos entre eux ? Mais si le Philosophe rapporte cette translation, non aux nombreuses particules corporelles des tourbillons mais, comme il le dit, à l'« espace générique » où se trouvent ces tourbillons : nous sommes finalement d'accord, car il reconnaît [ainsi] que le mouvement doit être rapporté à l'espace en tant que distinct des corps.

Enfin, pour faire éclater l'énorme absurdité de cette position, je dis qu'elle implique qu'un corps en mouvement n'a pas de vitesse déterminée ni de trajectoire définie de son mouvement. Bien plus, la vitesse d'un corps se mouvant sans obstacle ne peut être dite uniforme ni la trajectoire de son mouvement, droite. Pire encore, aucun mouvement n'est possible puisqu'il ne peut y avoir de mouvement sans vitesse ni détermination.

Mais, pour plus de clarté, il faut montrer avant tout qu'une fois le mouvement accompli, il est impossible, selon Descartes, d'assigner le lieu où le corps était au commencement du mouvement ou de dire à

Sexto. Et contra non minus a ratione videatur alienum esse, ut plura corpora servent easdem positiones inter se quorum alterum physice movetur, et altera quiescunt. Sed si Deus Planetam aliquem sisteret faceretque ut eandem inter stellas fixas positionem continuo servaret annon diceret Cartesius quod stellis non moventibus planeta propter translationem e materia Vorticis jam physice moveretur.

Septimo. Interrogo qua ratione corpus aliquod proprie moveri dicetur quando alia corpora ex quorum vicinia transfertur non spectantur ut quiescentia, vel potius quando non possunt ut quiescentia spectari. Verbi gratia quomodo noster vortex propter translationem materiae juxta circumferentiam, e vicinia consimilis materiae aliorum circumjacentium vorticum potest dici circulariter moveri, siquidem circumjacentium vorticum materia non possit ut quiescens spectari, idque non tantum respectu nostri vorticis, sed etiam quatenus vortices illi non quiescunt inter se. Quod si Philosophus hanc translationem non ad numericas corporeas vorticum particulas refert, sed ad spatium (ut ipse loquitur) genericum in quo vortices illi existunt, convenimus tandem, nam agnoscit motum referri debere ad spatium quatenus a corporibus distinguitur.

Denique ut hujus positionis absurditas quam maxima pateat, dico quod exinde sequitur nullam esse mobilis alicujus determinatam velocitatem nullamque definitam lineam in qua movetur. Et multo magis quod corporis sine impedimentis moti velocitas non dici potest uniformis, neque linea recta in qua motus perficitur. Imo quod nullus potest esse motus siquidem nullus potest esse sine aliqua velocitate ac determinatione.

Sed ut haec pateant, imprimis ostendendum est quod post motum aliquem peractum nullus potest assignari locus juxta Cartesium in quo corpus erat sub initio motus peracti, sive dici non potest unde corpus movebat. Et ratio est quod juxta Cartesium locus non definiri et assignari potest nisi ex positione circumjacentium corporum, et quod post motum aliquem peractum positio corporum circumjacentium non amplius manet eadem quae fuit ante. Verbi gratia si Jovis

partir d'où le corps se mouvait. La raison en est que le lieu ne peut être défini ni assigné, d'après Descartes, qu'à partir de la position des corps environnants, et qu'une fois le mouvement accompli, la position des corps environnants ne reste pas davantage la même qu'avant [ce mouvement]. Par exemple, si l'on recherche le lieu où était la planète Jupiter un an plus tôt, par quel moyen, je vous prie, le Philosophe cartésien le décrira-t-il ? Il ne le fera pas par les positions des particules de matière fluide, puisque ces particules n'ont plus du tout les positions qu'elles avaient un an auparavant. Il ne le décrira pas non plus par les positions du Soleil et des fixes, puisque l'influx inégal de la matière subtile, des pôles des tourbillons vers les étoiles centrales (Article 104 - Partie 3), l'ondulation (Article 114), l'inflation (Article III), l'absorption des tourbillons et d'autres causes plus véritables, tels le mouvement giratoire du Soleil et des Astres autour de leurs propres centres, la production de tâches et la trajectoire des comètes dans les cieux, changent les grandeurs et positions des astres de telle sorte qu'elles ne suffisent pas à indiquer le lieu recherché sans une erreur de quelques *miles* et qu'on peut moins encore décrire et déterminer ce lieu avec précision, avec leur aide, comme un géomètre l'exigerait. Assurément, on ne trouve pas au monde de corps dont les positions mutuelles ne changent pas par le passage du temps et bien moins encore, de corps qui ne se meuvent pas au sens cartésien, en tant que transportés du voisinage des corps contigus ou en tant que parties d'autres corps en translation : par conséquent, il n'y a pas de fondement à l'aide duquel on puisse désigner actuellement le lieu passé ou dire qu'un tel lieu puisse être encore trouvé dans la nature. Car, comme le lieu, d'après Descartes, n'est rien d'autre que la surface des corps environnants ou la position entre des corps quelconques plus éloignés : il est impossible, d'après cette doctrine, que le lieu existe dans la nature plus longtemps que ne demeurent les mêmes positions des corps desquelles il tient sa dénomination propre. Par conséquent, selon la doctrine cartésienne, il est manifeste qu'en ce qui concerne la position de Jupiter l'année précédente et, pour la même raison, celle de n'importe quel mobile, Dieu lui-même ne peut décrire précisément et au sens géométrique ce lieu passé, une fois qu'un nouvel état de choses s'est établi, puisque ce lieu n'existe plus dans la nature, de par le changement de positions des corps.

C'est pourquoi, comme il est désormais impossible d'assigner, une fois le mouvement accompli, le lieu où ce mouvement avait commencé, c'est-à-dire le début de l'espace parcouru et comme ce lieu n'existe plus : l'espace parcouru n'ayant pas de début, ne peut non plus avoir

Planetae locus ubi erat ante annum jam peractum quaeratur ; qua ratione, quaeso, Philosophus Cartesianus describet ? Non per positiones particularum fluidae materiae, siquidem istae particulae positiones quas ante annum habuere, quam maxime mutaverint. Neque describet per positiones solis et fixarum stellarum, quoniam inaequalis influxus materiae subtilis per polos vorticum in sidera centralia, (Part 3 Art 104), Vorticum undulatio (Art 114), inflatio (Art 111), et absorptio, aliaeque veriores causae, ut solis et astrorum circa propria centra gyratio, generatio macularum, et cometarum per caelos trajectio, satis mutant et magnitudines siderum, et positiones, ut forte non sufficiant ad locum quaesitum sine aliquot miliarium errore designandum, et multo minus ut ipsarum ope locus accurate describi postularet. Nulla equidem in mundo reperiuntur corpora quorum positiones inter se diuturnitate temporis non mutantur et multo minus, quae non moventur in sensu Cartesij hoc est vel quatenus transferuntur e vicinia contiguorum corporum vel quatenus sunt partes aliorum corporum sic translatorum : Et proinde nullum datur fundamentum quo locus qui fuit in tempore praeterito, jam in praesentia designari possit, vel unde possumus dicere talem locum jam amplius in rerum natura reperiri. Nam cum locus juxta Cartesium nihil aliud sit quam superficies corporum ambientium vel positio inter alia quaelibet remotiora corpora : impossibile est ex ejus doctrina ut in rerum natura diutius existat quam manent eaedem illae corporum positiones ex quibus individuam denominationem sumpsit. Et proinde de loco Jovis quem ante annum habuit, parique ratione de praeterito loco cujuslibet mobilis manifestum est juxta Cartesij doctrinam, quod ne quidem Deus ipse (stante rerum novato statu) possit accurate et in sensu Geometrico describere, quippe cum propter mutatas corporum positiones, non amplius in rerum natura existit.

Jam itaque post motum aliquem completum cum locus in quo inchoabatur hoc est initium trajecti spatij non assignari potest nec amplius esse : illius trajecti spatij non habentis initium nulla potest esse longitudo ; et proinde cum velocitas pendet ex longitudine spatij

de longueur ; et par conséquent, comme la vitesse dépend de la longueur de l'espace parcouru dans un temps donné, il suit qu'un mobile ne peut pas avoir de vitesse ; comme j'ai voulu le montrer en premier lieu. En outre, ce que l'on dit du début de l'espace parcouru doit être entendu de la même manière de tous les lieux intermédiaires ; ainsi, comme l'espace n'a ni début ni parties intermédiaires, il suit qu'aucun espace n'est parcouru et que le mouvement n'a pas de détermination, ce que j'ai voulu indiquer en second lieu. Bien plus, il s'ensuit que le mouvement des Cartésiens n'est pas un mouvement, parce qu'il n'a aucune vitesse, aucune détermination et qu'il ne fait traverser aucun espace ni aucune distance. C'est pourquoi, il est nécessaire de rapporter la détermination des lieux et donc le mouvement local à quelque être immobile telle que l'étendue seule ou l'espace considéré comme quelque chose de réellement distinct des corps. Cela, le Philosophe cartésien le reconnaîtra plus volontiers pourvu qu'il remarque que Descartes lui-même eut une idée de l'étendue en tant que distincte des corps puisqu'il a voulu la distinguer de l'étendue corporelle, en l'appelant « générique » (Principes - Partie 2 - Articles 10, 12, 18) ; et que les révolutions des tourbillons d'où il déduit la force de l'éther pour s'éloigner de leurs centres et donc toute sa philosophie mécanique, sont tacitement rapportées à cette étendue générique.

D'ailleurs, comme Descartes semble avoir démontré aux Articles 4 et II des Principes - Partie 2, que le corps ne diffère en rien de l'étendue, en faisant abstraction, évidemment, de la dureté, de la couleur, de la gravité, de la froideur, de la chaleur et d'autres qualités qui peuvent manquer à un corps, de sorte que ne reste enfin que son étendue en longueur, largeur et profondeur qui doit donc appartenir à sa seule essence ; et comme cela est pris pour une démonstration par plusieurs et que c'est à mon avis la seule raison pour laquelle on peut attacher sa confiance à cette opinion : par suite, pour qu'il ne reste pas le moindre doute sur la nature du mouvement, je répondrai à cet argument, en disant ce qu'est l'Étendue, ce qu'est le corps et comment ils diffèrent l'un de l'autre. En effet, puisque la distinction des substances en « pensantes » et « étendues » ou plutôt en « pensées » et « étendues » est le principal fondement de la philosophie cartésienne, qu'il prétend même mieux connu que les démonstrations mathématiques : je n'estime pas peu de renverser [cette philosophie], eu égard à l'étendue, afin de donner aux sciences mécaniques des fondements plus vrais.

Peut-être s'attend-on maintenant à ce que je définisse l'étendue comme substance, accident ou rien du tout. Mais, assurément, elle

in dato tempore transacti, sequitur quod moventis nulla potest esse velocitas ; quemadmodum volui primo ostenderere. Praeterea quod de initio spatij transacti dicitur de omnibus intermedijs locis similiter debet intelligi ; adeoque cum spatium nec habet initium nec partes intermedias sequitur nullum fuisse spatium transactum et proinde motus nullam determinationem, quod volui secundo indicare. Quin imo sequitur motum Cartesianum non esse motum, utpote cujus nulla est velocitas, nulla determinatio et quo nullum spatium, distantia nulla trajicitur. Necesse est itaque ut locorum determinatio adeoque motus localis ad ens aliquod immobile referatur quale est sola extensio vel spatium quatenus ut quid a corporibus revera distinctum spectatur. Et hoc lubentius agnoscet Cartesianus Philosophus si modo advertat quod Cartesius ipse extensionis hujus quatenus a corporibus distinctae ideam habuit, quam voluit ab extensione corporea discriminare vocando genericam. Art 10, 12 & 18, part 2 Princip. Et quod vorticum gyrationes, a quibus vim aetheris recedendi a centris, adeoque totam ejus mechanicam Philosophiam deduxit, ad extensionem hance genericam tacite referuntur.

Caeterum cum Cartesius in Art 4 & 11 Part 2 Princip demonstrasse videtur quod corpus nil differt ab extensione ; abstrahendo scilicet duritiem, colorem, gravitatem, frigus, calorem caeterasque qualitates quibus corpus carere possit ut tandem unica maneat ejus extensio in longum latum et profundum quae proinde sola ad essentiam ejus pertinebit. Et cum haec apud plurimos pro demonstratione habetur, estque sola ut opinor causa propter quam fides huic opinioni constringi potest : ideo ne ulla circa naturam motus supersit dubitatio, respondebo huic argumento dicendo quid sit Extensio quid corpus et quomodo ab invicem differunt. Cum enim distinctio substantiarum in cogitantes et extensas vel potius in cogitationes et extensiones sit praecipuum Philosophiae Cartesianae fundamentum, quod contendit esse vel mathematicis demonstrationibus notius : eversionem ejus ex parte extensionis, ut veriora Mechanicarum scientiarum fundamenta substruantur, haud parvi facio.

n'est ni l'un ni l'autre car l'étendue a un certain mode d'exister qui lui est propre et qui n'appartient ni aux substances ni aux accidents. Elle n'est pas substance d'une part puisqu'elle ne demeure absolument pas par elle-même mais comme un effet émanant de Dieu ou une certaine affection de tout être ; d'autre part, puisqu'elle n'est pas le substrat des affections propres du genre de celles qui désignent une substance, à savoir les actions, telles que les pensées dans le cas de l'esprit et le mouvement dans le cas du corps. Car, même si les Philosophes ne définissent pas la substance comme être qui peut faire quelque chose, tous, cependant, l'entendent tacitement pour les substances, comme cela ressort manifestement de ce qu'ils accordent facilement que l'étendue est une substance à la ressemblance d'un corps, pourvu qu'elle pût être mûe et jouir des actions propres au corps. En revanche, ils ne concéderaient pas que le corps soit une substance s'il ne pouvait ni se mouvoir ni susciter de sensation ou de perception en l'esprit, d'aucune manière. En outre, comme nous pouvons clairement concevoir l'étendue comme existant sans sujet, comme lorsqu'on imagine des espaces hors du monde ou des lieux vides de corps ; que nous croyons que l'étendue existe partout où nous n'imaginons pas de corps et que nous ne pouvons croire qu'elle doive périr avec le corps si Dieu annihile ce corps : il suit que l'étendue n'existe pas sous le mode d'un accident, c'est-à-dire en étant inhérent à un sujet. Ce n'est donc pas un accident. Moins encore, dira-t-on de l'étendue qu'elle est le néant puisqu'elle est quelque chose de plus qu'un accident et qu'elle approche plus que lui de la nature de la substance. Il n'y a aucune idée du néant et le néant n'a aucune propriété ; mais, nous avons une idée la plus claire de toutes de l'étendue, quand, bien sûr, l'on fait abstraction des affections et propriétés d'un corps, de manière à ce que reste seule l'étendue uniforme et illimitée de l'espace en longueur, largeur et profondeur. De plus, nombreuses sont les propriétés de l'étendue qui accompagnent cette idée et je vais les énumérer maintenant pour montrer non seulement que l'étendue est quelque chose mais aussi ce qu'elle est.

1. L'espace peut être toujours divisé en parties dont nous appelons les limites communes surfaces ; et ces surfaces à leur tour peuvent être toujours divisées en parties dont nous appelons les limites communes lignes ; et, de nouveau, ces lignes peuvent être partout divisées en parties que nous appelons points. Par suite, la surface n'a pas de profondeur, ni la ligne de largeur, ni le point, une quelconque dimension, sauf à dire que les espaces coterminés se pénètrent mutuellement jusqu'à une certaine profondeur de la surface, là où une surface les

De extensione jam forte expectatio est ut definiam esse vel substantiam vel accidens aut omnino nihil. At neutiquam sane, nam habet quendam sibi proprium existendi modum qui neque substantijs neque accidentibus competit. Non est substantia tum quia non absolute per se, sed tanquam Dei effectus emanativus, et omnis entis affectio quaedam subsistit ; tum quia non substat ejusmodi proprijs affectionibus quae substantiam denominant, hoc est actionibus, quales sunt cogitationes in mente et motus in corpore. Nam etsi Philosophi non definiunt substantiam esse ens quod potest aliquid agere, tamen omnes hoc tacite de substantijs intelligunt, quemadmodum ex eo pateat quod facile concederent extensionem esse substantiam ad instar corporis si modo moveri posset et corporis actionibus frui. Et contra haud concederent corpus esse substantiam si nec moveri posset nec sensationem aut perceptionem aliquam in mente qualibet excitare. Praeterea cum extensionem tanquam sine aliquo subjecto existentem possumus clare concipere, ut cum imaginamur extramundana spatia aut loca quaelibet corporibus vacua ; et credimus existere ubicunque imaginamur nulla esse corpora, nec possumus credere periturum esse cum corpore si modo Deus aliquod annihilaret, sequitur eam non per modum accidentis inhaerendo alicui subjecto existere. Et proinde non est accidens. Et multo minus dicetur nihil, quippe quae magis est aliquid quam accidens et ad naturam substantiae magis accedit. Nihili nulla datur Idea neque ullae sunt proprietates sed extensionis Ideam habemus omnium clarissimam abstrahendo scilicet affectiones et propriétates corporis ut sola maneat spatij in longum latum et profundum uniformis et non limitata distensio. Et praeterea sunt ejus plures proprietates concomitantes hanc Ideam, quas jam enumerabo non tantum ut aliquid esse sed simul ut quid sit ostendam.

1. Spatium omnifariam distingui potest in partes quarum terminos communes solemus dicere superficies ; et istae superficies omnifariam distingui possunt in partes, quarum terminos communes nominamus lineas ; et rursus istae lineae omnifariam distingui possunt in partes quas dicimus puncta. Et hinc superficies non habet profunditatem,

sépare ; étant donné que j'ai dit que cette surface était la frontière de deux espaces ou leur extrémité commune : il en est ainsi des lignes et des points. En outre, les espaces sont partout contigus à des espaces, l'étendue est partout juxtaposée à l'étendue et ainsi les parties qui se touchent ont partout des frontières communes ; c'est-à-dire qu'il y a partout des surfaces qui délimitent les solides de tous côtés, partout des lignes le long desquelles les parties de surfaces se touchent et partout des points où se joignent les parties continues des lignes. Ainsi, il y a partout toutes sortes de figures, partout des sphères, partout des cubes, partout des triangles, partout des lignes droites, partout des lignes circulaires, elliptiques, paraboliques, et toutes les autres sortes de lignes et ce, de toutes formes et grandeurs, même si elles ne sont pas tracées d'une manière visible. Car, le tracé matériel d'une figure quelconque est non pas une nouvelle production de cette figure eu égard à l'espace, mais seulement sa représentation corporelle de telle sorte qu'elle apparaît maintenant aux sens alors qu'auparavant elle était insensiblement présente dans l'espace. C'est ainsi, en effet, que nous croyons que sont sphériques tous les espaces à travers lesquels une sphère progressivement mûe d'instant en instant est jamais passée, alors même que les traces sensibles de cette sphère-là ne demeurent plus en ces espaces. Bien plus, nous croyons que l'espace a été sphérique avant d'être occupé par la sphère, de manière à pouvoir la contenir ; par conséquent, comme il y a partout des espaces pouvant contenir exactement une sphère matérielle, il est clair qu'il y a partout des espaces sphériques. Il en va ainsi des autres figures. De même, bien que nous ne voyions aucune figure matérielle dans de l'eau claire, il y en a cependant beaucoup que la simple introduction de couleur dans ses diverses parties ferait apparaître de multiples manières. Or, la couleur introduite ne constituerait pas les figures matérielles mais les rendrait seulement visibles.

2. L'espace s'étend à l'infini absolument de tous côtés. En effet, nous ne pouvons pas imaginer de limite quelque part sans penser en même temps qu'il y a au-delà un espace. Par suite, toute ligne droite, toute parabole, toute hyperbole, tout cône, tout cylindre et toutes les autres figures de cette sorte vont à l'infini et ne sont nulle part limitées, même si elles sont coupées n'importe où par des lignes ou des surfaces de tous genres, qui les traversent et même si elles forment dans tous les cas des figures tronquées. Mais, si vous voulez un exemple d'infinité, concevez un triangle dont la base et l'un des côtés sont fixes et dont l'autre côté tourne dans le plan du triangle, autour de sa limite contiguë à la base, de sorte que le triangle s'ouvre peu à

nec linea latitudinem, neque punctum quamlibet dimensionem ; nisi dicas quod spatia contermina se mutuo ad usque profunditatem interjectae superficiei penetrant, utpote quam dixi esse utriusque terminum sive extremitatem communem : & Sic de lineis et puncti. Praeterea spatia sunt ubique spatijs contigua, et extensio juxta extensionem ubique posita, adeoque partium contingentium ubique sunt termini communes, hoc est, ubique superficies disterminantes solida hinc inde, et ubique lineae in quibus partes superficierum se contingunt, et ubique puncta in quibus linearum partes continuae nectuntur. Et hinc ubique sunt omnia figurarum genera, ubique sphaerae, ubique cubi, ubique triangula, ubique lineae rectae, ubique circulares, Ellipticae, Parabolicae, caeteraeque omnes, idque omnium formarum et magnitudinum, etiamsi non ad visum delineatae. Nam materialis delineatio figurae alicujus non est istius figurae quoad spatium nova productio, sed tantum corporea representatio ejus ut jam sensibus appareat esse quae prius fuit insensibilis in spatio. Sic enim credimus ea omnia spatia esse sphaerica per quae sphaera aliqua progressive mota in singulis momentis transijt unquam, etiamsi sphaerae istius inibi sensibilia vestigia non amplius manent. Imo spatium credimus prius fuisse sphaericum quam sphaera occupabat, ut ipsam posset capere ; et proinde cum ubique sunt spatia quae possunt sphaeram quamlibet materialem adaequate capere, patet ubique esse spatia sphaerica. Et sic de alijs figuris. Ad eundem modum intra aquam claram etsi nullas videmus materiales figuras, tamen insunt plurimae quas aliquis tantum color varijs ejus partibus inditus multimodo faceret apparere. Color autem si inditus esset, non constitueret materiales figuras sed tantum efficeret visibiles.

2. Spatium in infinitum usque omnifariam extenditur. Non possumus enim ullibi limitem imaginari quin simul intelligamus quod ultra datur spatium. Et hinc omnes lineae rectae paraboliformes, hyperboliformes, et omnes coni et cilindri, et ejusmodi caeterae figurae in infinitum usque progrediuntur. Et nullibi limitantur etsi passim a lineis et superficiebus omnigenis transversim pergentibus intercipiuntur, et figurarum segmenta cum ipsis omnifariam constituunt. Verum

peu à son sommet ; pendant ce temps, fixez votre attention sur les points où les deux côtés se rencontreraient pourvu qu'ils fussent prolongés jusque-là : il est manifeste que tous ces points [de concours] se trouvent sur la droite qui porte le côté fixe et qu'ils continuent à s'éloigner d'autant plus que le côté mobile tourne plus longtemps jusqu'au moment où l'un des côtés devient parallèle à l'autre et ne peut plus le rencontrer où que ce soit. Je demande maintenant à quelle distance est le dernier point où les côtés se sont rencontrés ? Cette distance est certainement plus grande que n'importe quelle distance assignable ou plutôt aucun de ces points n'est le dernier : par conséquent, la droite sur laquelle on trouvera tous ces points de concours est en acte plus que finie. Il n'y a pas lieu non plus de dire qu'elle est infinie seulement en imagination et non pas en acte ; car si un triangle est tracé en acte, ses côtés sont toujours dirigés en acte vers un point commun où ils concourraient tous les deux s'ils étaient prolongés ; et, par conséquent, un tel point de concours des côtés prolongés sera toujours en acte, même si on en suppose ce point au-delà des limites du monde sensible ; et ainsi, la ligne que tous ces points déterminent sera actuelle, même si elle va au-delà de toute distance.

Si maintenant, l'on m'objecte que nous ne pouvons pas imaginer que l'étendue puisse être infinie, je l'accorde. Cependant, je soutiens que nous pouvons en avoir une intellection. Nous pouvons sans doute imaginer une étendue plus grande, puis une autre plus grande encore, mais nous pensons qu'il existe une étendue plus grande que celle que nous pourrons jamais imaginer. Et par suite, ceci dit en passant, la faculté d'intellection est clairement distinguée de l'imagination.

Mais, si l'on me dit en outre que nous ne comprenons ce qu'est l'être infini que par la négation des limites du fini et que cette conception est négative et par suite défectueuse, je refuse cette position. Car, la limite ou le terme est une restriction ou une négation d'une plus grande réalité ou d'une plus grande « existence » dans le cas d'être limité ; et moins nous concevons un être comme contenu en des limites, plus nous comprenons que quelque chose lui est attribué, c'est-à-dire plus nous le concevons positivement. Par conséquent, la conception de l'infini par la négation de toute limite devient au plus haut point positive. La limite est un mot négatif quant au sens et ainsi, l'infinité, étant la négation d'une négation (c'est-à-dire des limites) est un mot au plus haut point positif quant à nos perception et conception bien que, grammaticalement, il paraisse négatif. Ajoutez que les géomètres connaissent avec précision les quantités positives et finies

ut infiniti specimen aliquod habeatis ; fingite triangulum aliquod cujus basis cum uno crure quiescat et crus alterum circa terminum ejus basi contiguum ita gyret in plano trianguli ut triangulum in vertice gradatim apperiatur : et interea advertite puncta animis vestris, ubi crura duo concurrerent si modo eo usque producerentur, et manifestum est quod ista omnia puncta reperiuntur in linea recta in qua crus quiescens jacet, et quod eo longius perpetim distant quo crus mobile diutius convolvitur eo usque dum alteri cruri parallelum evadat et non potest amplius cum eo alicubi concurrere. Rogo jam quanta fuit distantia puncti ultimi in quo crura concurrebant ? Certe major fuit quam ulla potest assignari, vel potius nullum e punctis fuit ultimum, et proinde recta linea in qua omnia illa concursuum puncta reperiuntur est actu plusquam finita. Neque est quod aliquis dicat hanc imaginatione tantum et non actu infinitam esse ; nam si triangulum sit actu adhibitum, ejus crura semper actu dirigentur versus aliquod commune punctum, ubi concurrerent ambo si modo producerentur, et proinde tale punctum ubi productae concurrerent semper erit actu, etiamsi fingatur esse extra mundi corporei limites ; atque adeo linea quam ea omnia puncta designant erit actualis, quamvis ultra omnem distantiam progrediatur.

Siquis jam objiciat quod extensionem infinitam esse non possumus imaginari ; concedo : Sed interea contendo quod possumus intelligere. Possumus imaginari majorem extensionem ac majorem deinde, sed intelligimus majorem extensionem existere quam unquam possumus imaginari. Et hinc obiter facultas intelligendi ab imaginatione clare distinguitur.

Sin dicat praeterea quod non intelligimus quid sit ens infinitum nisi per negationem limitum finiti, et quod haec est negativa adeoque vitiosa conceptio : Renuo. Nam limes vel terminus est restrictio sive negatio pluris realitatis aut existentiae in ente limitato, et quo minus concipimus ens aliquod limitibus constringi, eo magis aliquid sibi poni deprehendimus, hoc est eo magis positive concipimus. Et proinde negando omnes limites conceptio evadet maxime positiva. Finis

de très nombreuses surfaces infinies en longueur. Je peux donc déterminer positivement et exactement les quantités solides d'un très grand nombre de solides tant en longueur qu'en largeur et les comparer à des solides donnés finis. Mais, ceci n'a pas sa place ici.

Si maintenant Descartes dit que l'étendue peut être non infinie mais seulement indéfinie, il doit être corrigé par les grammairiens. Car, le mot « indéfini » n'est jamais utilisé pour ce qui est « en acte » mais concerne toujours un futur possible, car il dénote seulement que quelque chose n'est pas encore déterminé, ni défini. Ainsi, avant que Dieu ait décidé quoi que ce soit au sujet de la création du monde (s'il y eut jamais un moment où cette décision n'existait pas), la quantité de matière des étoiles, leur nombre et tout le reste qui sont maintenant définis dans le monde créé, tout cela était indéfini *. Ainsi, la ligne indéfinie est celle dont la longueur future n'est pas encore précisément déterminée. Ainsi, l'espace indéfini est celui dont la future grandeur n'est pas encore déterminée ; mais l'espace qui est maintenant en acte n'est pas à définir : ou il a des limites ou il n'en a pas et par suite il est soit fini soit infini. Et le fait qu'il dise que l'espace est indéfini par rapport à nous, c'est-à-dire que nous sommes seulement ignorants de ses limites et ne savons pas positivement qu'il n'y a pas de limite : ce fait ne s'oppose pas à notre raisonnement (Article 27 - Partie I), tant parce que si nous en sommes ignorants, Dieu lui du moins comprend que [l'espace] n'a pas de limite, et ce d'une manière non pas seulement indéfinie mais certaine et positive que parce que nous concevons de manière positive et très certaine que l'espace transcende toute limite, lors même que nous l'imaginons négativement. Mais, je vois bien ce que Descartes a craint : s'il posait l'espace comme infini, il lui donnerait peut-être le statut de Dieu à cause de la perfection de l'infinité. Mais, il n'en est rien car l'infinité n'est une perfection qu'en tant qu'elle est attribuée à d'autres perfections. L'infinité de l'esprit, de la puissance, du bonheur, etc. est une perfection suprême ; l'infinité de l'ignorance, de l'impuissance, du malheur est une imperfection suprême ; et l'infinité de l'étendue a pour perfection celle de ce qui est étendu.

* Ainsi, la matière est « indéfiniment » divisible mais elle est toujours divisée soit de manière finie soit de manière infinie (Article 26 - Partie 1 et Article 34 - Partie 2).

est vox quoad sensum negativa, adeoque infinitas cum sit negatio negationis (id est finium) erit vox quoad sensum et conceptum nostrum maxime positiva, etsi grammatice negativa videatur. Adde quod plurimarum superficierum longitudine infinitarum positivae et finitae quantitates a Geometris accurate noscuntur. Et sic plurimorum solidorum tum longitudine tum latitudine infinitorum quantitates solidas positive et exacte determinare possum, et ad data finita soli[d]a aequiparare. Sed id non est hujus loci.

Quod si Cartesius jam dicat extensionem non infinitam fore sed tantum indefinitam, a Grammaticis corrigendus est. Nam vox indefinita nunquam dicitur de eo quod actu est sed semper respicit futuri possibilitatem, tantum denotans aliquid esse nondum determinatum ac definitum. Sic antequam Deus aliquid de Mundo creando statuerat, (siquando non statuerat), materiae quantitas stellarum numerus caeteraque omnia fuerunt indefinita, quae jam mundo creato definiuntur *. Sic linea indefinita est quae nondum determinatur cujusnam sit futurae longitudinis. Et sic spatium indefinitum est quod nondum determinatur cujusnam sit futurae magnitudinis, quod vero jam actu est non est definiendum sed vel habet terminos vel non habet, adeoque vel finitum est vel infinitum. Nec obstat quod dicit esse indefinitum quoad nos, hoc est nos tantum ignorare fines ejus et non positive scire nullos esse (Art 27 Part 1) : tum quia nobis nescientibus, Deus saltem non indefinite tantum sed certe et positive intelligit nullos esse, tum quia nos etiam quamvis negative imaginamur, tamen positive et certissime intelligimus id limites omnes transcendere. Sed video quid metuit Cartesius, nempe si spatium poneret infinitum, Deum forte constitueret propter infinitatis perfectionem. At nullo modo, nam infinitas non est perfectio nisi quatenus perfectionibus tribuitur. Infinitas intellectus, potentiae, faelicitatis &c est summa perfectio ; infinitas ignorantiae, impotentiae, miseriae &c summa imperfectio ; et infinitas extensionis talis est perfectio qualis est extendi.

* Sic materia est indefinite divisibiles, sed semper vel finite vel infinite divisa. Art. 26, P : 1 & 34 P : 2.

3. Les parties de l'espace sont immobiles. Si l'on suppose qu'elles se meuvent, ou bien il faut dire que le mouvement de chacune d'elles est une translation à partir du voisinage des autres parties contiguës, selon la définition cartésienne du mouvement des corps, et j'ai suffisamment démontré que c'était absurde ; ou bien il faut dire que |ce mouvement| est une translation d'un espace en un autre, soit hors des espaces mêmes, à moins peut-être de dire que partout deux espaces coïncident, l'un mobile, l'autre immobile. D'ailleurs, la meilleure illustration que l'on puisse donner de l'immobilité de l'espace, c'est par la durée. En effet, de même que l'individuation des parties de la durée résulte de l'ordre, de sorte que si (par exemple) hier pouvait changer de place avec aujourd'hui et devenir postérieur, il perdrait son individualité et serait non plus hier mais aujourd'hui. De même, les parties de l'espace doivent leur individuation à leurs positions, de sorte que, si deux quelconques d'entre elles pouvaient changer de position, elles changeraient en même temps d'individuation et chacune se changerait numériquement en l'autre. C'est à cause du seul ordre et à cause de leurs positions relatives que les parties de la durée et de l'espace sont comprises comme étant ce qu'elles sont véritablement ; et, à part leur ordre et leurs positions qui ne peuvent donc changer, elles n'ont pas d'autre principe d'individuation.

4. L'espace est une affection de l'être en tant qu'être. Aucun être n'existe ni ne peut exister sans être rapporté, de quelque manière, à l'espace. Dieu est partout, les esprits créés sont quelque part, le corps est dans l'espace qu'il remplit et toute chose qui est ni partout ni quelque part, n'a pas d'être. Il suit de là que l'espace est un effet émanant d'un être qui existe à titre premier, puisque, quel que soit l'être que l'on pose, l'espace est posé par là-même. On peut produire les mêmes affirmations sur la durée : autrement dit, tous les deux sont des affections ou des attributs de l'être selon lesquels on désigne la quantité d'existence de n'importe quel individu sous le rapport de l'étendue, de sa présence et sous le rapport de sa persévérance dans son être. Ainsi, la quantité de l'existence de Dieu sous le rapport de la durée a été éternelle et sous le rapport de l'espace où il est présent, infinie ; quant à la quantité d'existence d'une chose créée selon sa durée, elle a été égale à la durée qui s'est écoulée depuis le début de son existence ; et |cette quantité| selon l'amplitude de sa présence, est égale à l'espace qu'elle occupe.

D'ailleurs, pour éviter qu'on imagine à partir de là que Dieu est fait d'étendue, comme le corps est fait de parties divisibles, il faut savoir que ces espaces eux-mêmes ne sont pas divisibles en acte et que, de

3. Partes spatij sunt immobiles. Si moveantur, vel dicendum est quod cujusque motus sit translatio e vicinia aliarum contingentium partium, quemadmodum Cartesius definivit motus corporum, et hoc absurdum esse satis ostendi ; vel dicendum est quod sit translatio de spatio in spatium, hoc est de seipsis, nisi forte dicatur quod duo ubique spatia coincidunt, mobile et immobile. Caeterum spatij immobilitas optime per durationem illustrabitur. Quemadmodum enim durationis partes per ordinem individuantur, ita ut (instantiae gratia) dies hesternus si ordinem cum hodierno die commutare posset et evadere posterior, individuationem amitteret et non amplius esset hesternus dies sed hodiernus : Sic spatij partes per earum positiones individuantur ita ut si duae quaevis possent positiones commutare, individuationem simul commutarent, et utraque in alteram numerice converteretur. Propter solum ordinem et positiones inter se partes durationis et spatij intelliguntur esse eaedem ipsae quae revera sunt ; nec habent aliud individuationis principium praeter ordinem et positiones istas, quas proinde mutare nequeunt.

4. Spatium est entis quatenus ens affectio. Nullum ens existit vel potest existere quod non aliquo modo ad spatium refertur. Deus est ubique, mentes creatae sunt alicubi, et corpus in spatio quod implet, et quicquid nec ubique nec ullibi est id non est. Et hinc sequitur quod spatium sit entis primario existentis effectus emanativus, quia posito quolibet ente ponitur spatium. Deque Duratione similia possunt affirmari : scilicet ambae sunt entis affectiones sive attributa secundum quae quantitas existentiae cujuslibet individui quoad amplitudinem praesentiae et perseverationem in suo esse denominatur. Sic quantitas existentiae Dei secundum durationem aeterna fuit, et secundum spatium cui adest, infinita ; et quantitas existentiae rei creatae secundum durationem tanta fuit quanta duratio ab inita existentia, et secundum amplitudinem praesentiae tanta ac spatium cui adest.

Caeterum nequis hinc imaginetur Deum ad instar corporis extendi et partibus divisibilibus constare : sciendum est ipsissima spatia non esse actu divisibilia, et insuper ens quodlibet habere modum sibi

plus, tout être a un mode propre d'être présent aux espaces. Ainsi, en effet, la relation de la durée à l'espace est bien différente de celle du corps à l'espace. Car, nous n'assignons pas une durée différente aux différentes parties de l'espace mais nous disons que toutes durent ensemble. Un moment dans cette durée est le même à Rome et à Londres, le même sur la Terre, sur les astres et dans les cieux tout entiers. De même que nous comprenons que chaque moment de durée est répandu à travers les espaces selon une manière qui lui est propre, sans qu'il faille concevoir des parties de durée : de même il n'est pas plus contradictoire que l'Esprit, selon une manière qui lui est propre, puisse être aussi répandu sans que l'on conçoive en lui des parties.

5. Les positions, les distances et les mouvements locaux des corps doivent être rapportés aux parties de l'espace. Ceci est évident, de par la première et la quatrième des propriétés de l'espace qu'on vient d'énumérer et sera plus manifeste si l'on conçoit des espaces vides disséminés entre les corpuscules ou si l'on prête attention à ce que j'ai dit du mouvement, plus haut. En outre, on peut ajouter que l'espace ne possède aucune force susceptible d'empêcher ou d'aider ou encore de changer par un moyen quelconque le mouvement des corps. Par suite, les projectiles décrivent des lignes droites d'un mouvement uniforme s'ils ne rencontrent pas d'obstacle extérieur. Mais, on en dira plus par la suite.

6. Enfin, l'espace est de durée éternelle et de nature immuable, et ce, parce qu'il est l'effet émanant d'un être éternel et immuable. Si jamais l'espace n'avait pas existé, alors Dieu n'aurait été présent nulle part ; et par conséquent, ou bien il aurait créé ensuite l'espace (où lui-même n'était pas) ou bien — ce qui ne choque pas moins la raison — il aurait créé sa propre ubiquité. De plus, bien que peut-être nous puissions imaginer qu'il n'y ait rien dans l'espace, nous ne pouvons cependant pas penser que l'espace n'existe pas ; de même, nous ne pouvons pas penser que la durée n'existe pas même s'il était possible de concevoir qu'absolument rien ne dure. Ceci est rendu manifeste par les espaces hors du monde dont nous ne pouvons pas penser qu'ils n'existent pas (puisque nous imaginons que le monde est fini), bien qu'ils ne nous aient pas été révélés par Dieu, qu'ils ne soient pas connus par les sens et qu'ils ne dépendent pas, pour leur existence, des espaces intérieurs au monde. Mais, on croit d'ordinaire que ces espaces ne sont rien. Pourtant, ce sont des espaces. Même si l'espace est vide de corps, il n'est cependant pas vide de lui-même. Il y a quelque chose, parce qu'il y a des espaces et même s'il n'y a rien

proprium quo spatijs adest. Sic enim durationis longe alia est ad spatium relatio quam corporis. Nam diversis partibus spatij non ascribimus diversam durationem, sed dicimus omnes simul durare. Idem est durationis momentum Romae et Londini, idem Terrae et astris caelisque universis. Et quemadmodum unumquodque durationis momentum sic per universa spatia, suo more, sine aliquo partium ejus conceptu diffundi intelligimus : ita non magis contradicit ut Mens etiam suo more sine aliquo partium conceptu per spatium diffundi possit.

5. Corporum positiones, distantiae, et motus locales ad spatij partes referendae sunt. Et hoc patet e prima et quarta recensita proprietate spatij, et manifestius erit si inter corpuscula concipias vacuitates esse disseminatas, vel attendas ad ea quae de motu prius dixi. His praeterea subnecti potest quod spatio non inest vis aliqua impediendi aut promovendi vel qualibet ratione mutandi motus corporum. Et hinc corpora projectilia lineas rectas uniformi motu describunt si non aliunde occurrant impedimenta. Sed de his plura posthac.

6. Denique spatium est aeternae durationis et immutabilis naturae, idque quod sit aeternis et immutabilis entis effectus emanativus. Siquando non fuerit spatium, Deus tunc nullibi adfuerit, et proinde spatium creabat postea ubi ipse non aderat, vel quod non minus rationi absonum est, creabat suam ubiquitatem. Porro quamvis fortasse possumus imaginari nihil esse in spatio tamen non possumus cogitare non esse spatium ; quemadmodum non possumus cogitare durationem non esse, etsi possibile esset fingere nihil omnino durare. Et hoc per extramundana spatia manifestum est, quae (cum imaginamur mundum esse finitum) non possumus cogitare non esse, quamvis nec a Deo nobis revalata sunt, nec per sensus innotescunt nec a spatijs intramundanis quoad existentiam dependent. Sed de spatijs istis credi solet quod sunt nihil. Imo vero sunt spatia. Spatium etsi sit corpore vacuum tamen non est seipso vacuum. Et est aliquid quod sunt spatia quamvis praeterea nihil. Quinimo fatendum est quod

d'autre. Bien plus, il faut reconnaître que les espaces ne sont pas plus espaces là où le monde existe que lorsqu'il n'est pas, à moins peut-être de dire que Dieu, en créant le monde dans notre espace, a en même temps créé l'espace en soi ou qu'en annihilant ensuite le monde dans ces espaces, il annihilerait aussi les espaces en eux-mêmes. C'est pourquoi, tout ce qui a plus de réalité dans un espace que dans un autre, appartient à un corps et non à l'espace ; de même cela sera plus clairement évident si l'on abandonne le préjugé puéril et issu de l'enfance selon lequel l'étendue est inhérente au corps comme un accident dans un sujet sans lequel il ne peut pas exister véritablement.

L'étendue étant décrite, il reste par ailleurs à expliquer la nature corporelle. Or, comme elle existe, non pas nécessairement mais par la volonté divine, son explication sera plus incertaine puisqu'il ne nous est pas permis de connaître les limites de la puissance divine, c'est-à-dire puisque nous ne savons pas si la matière a pu être créée d'une seule façon, ou s'il existe plusieurs façons de produire des êtres différents les uns des autres et pourtant tout à fait semblables à des corps. Et bien qu'il ne semble pas croyable que Dieu puisse créer des être semblables à des corps, qui produiraient toutes les actions des corps et en auraient les apparences, sans pour autant être des corps dans leur constitution essentielle et métaphysique ; comme, toutefois, je n'ai pas encore de perception claire et distincte de ce sujet, je n'oserai pas affirmer le contraire et je ne veux donc pas dire positivement ce qu'est la nature corporelle mais décrire plutôt un certain genre d'êtres en tout point semblables à des corps, dont nous ne pouvons pas ne pas reconnaître que la création est au pouvoir de Dieu et dont nous ne pouvons pas dire avec certitude qu'ils ne sont pas des corps.

Puisque tout homme est conscient qu'il peut mouvoir son corps selon sa volonté et croit aussi qu'il y a chez les autres hommes le même pouvoir, par lequel ils peuvent semblablement mouvoir leurs corps par leurs seules pensées : il ne faut absolument pas refuser à Dieu, dont la faculté de penser est infiniment plus puissante et prompte que la nôtre, le pouvoir de mouvoir n'importe quel corps, selon sa volonté. Par un raisonnement semblable, il faut admettre que Dieu pourrait, par sa seule action de penser ou de vouloir, empêcher des corps de pénétrer en un espace défini par des limites précises.

Or, s'il exerçait ce pouvoir et qu'il rendait un espace borné au-dessus de la Terre impénétrable aux corps, comme une montagne ou un corps quelconque et si donc cet espace se mettait à arrêter ou réfléchir la lumière et tous les corps qui le frappent : il semblerait impos-

spatia non sunt magis spatia ubi mundus existit quam ubi nullus est, nisi forte dices quod Deus cum mundum in hoc spatio creabat, spatium simul creabat in seipso vel quod Deus si mundum in his spatijs posthae annihilaret, etiam spatia annihilaret in seipsis. Quicquid itaque est pluris realitatis in uno spatio quam in altero, illud corporis est et non spatij ; quemadmodum clarius patebit si modo puerile illud et ab infantia derivatum praejudicium deponatur quod extensio inhaeret corpori tanquam accidens in subjecto sine quo revera nequit existere.

Descripta extensione natura corporea ex altera parte restat explicanda. Hujus autem, cum non necessario sed voluntate divina existit, explicatio erit incertior propterea quod divinae potestatis limites haud scire concessum est, scilicet an unico tantum modo materia creari potuit, vel an plures sunt quibus alia atque alia entia corporibus simillima producere licuit. Et quamvis haud credibile videtur Deum posse entia corporibus simillima creare quae omnes eorum actiones edant et exhibeant phaenomena et tamen in essentiali et metaphysica constitutione non sint corpora : cum tamen ejus rei nondum habeo claram ac distinctam perceptionem, non ausim contrarium affirmare, et proinde nolo positive dicere quaenam sit corporea natura sed potius describam quoddam genus entium corporibus per omnia similium quorum creationem esse penes Deum non possumus non agnoscere, et proinde quae haud possumus certo dicere non esse corpora.

Cum quisque hominum sit sibi conscius quod pro arbitrio possit corpus suum movere et credit etiam quod alijs hominibus eadem inest potestas qua per solas cogitationes sua corpora similiter movent : potestas movendi quaelibet pro arbitratu corpora Deo neutiquam deneganda est, cujus cogitationum infinite potentior est et promptior facultas. Et pari ratione concedendum est quod Deus sola cogitandi aut volendi actione impedire posset ne corpora aliqua spatium quodlibet certis limitibus definitum ingrediantur.

Quod si potestatem hancce exerceret, efficeretque ut spatium

sible de découvrir à l'aide de nos sens (qui en l'occurrence seraient nos seuls juges) que cet espace n'est pas véritablement un corps ; en effet, il serait tangible de par son impénétrabilité, visible, opaque et coloré parce qu'il réfléchit la lumière, et il résonnerait sous le choc, puisque l'air voisin serait mis en mouvement par ce choc.

Imaginons donc que sont disséminés à travers le monde des espaces vides dont l'un, défini par des limites précises, est rendu impénétrable aux corps par le pouvoir divin, il est alors évident par hypothèse que cet espace ferait obstacle aux mouvements des corps, pourrait les détourner et revêtirait toutes les propriétés d'une particule corporelle sauf qu'il serait immobile. Mais, si nous imaginons, en outre, que cette impénétrabilité n'est pas toujours conservée au même endroit de l'espace mais peut être transférée, selon des lois déterminées, ici et là, de sorte que cependant ni la quantité d'espace impénétrable ni sa figure ne changent, il n'y aurait aucune propriété des corps qui ne conviendrait à cet espace. Il aurait une figure, serait tangible et mobile, pourrait être réfléchi et réfléchir et être une partie des choses composées non moins que n'importe quel autre corpuscule ; et je ne vois pas pourquoi il ne pourrait pas également agir sur nos esprits et pâtir en retour puisqu'il n'est rien d'autre qu'un effet de l'esprit divin, produit dans une quantité déterminée d'espace. Car il est certain que Dieu peut mettre nos perceptions en mouvement par sa volonté et par conséquent conférer un tel pouvoir aux effets de sa volonté.

De même, s'il y avait plusieurs espaces de cette sorte, impénétrables aux corps et à eux-mêmes, tous rempliraient le rôle des particules et montreraient les mêmes apparences. Ainsi, si notre monde tout entier était constitué d'êtres de cette sorte, il se présenterait, semble-t-il, à peine autrement que le nôtre. Par suite, ces êtres seraient soit des corps soit tout à fait semblables à des corps. S'ils sont des corps, nous pourrons alors définir les corps comme des quantités déterminées d'étendue que Dieu, omniprésent a pourvu de certaines propriétés telles que 1 ils sont mobiles et c'est pourquoi j'ai dit, non qu'ils sont des parties numériques de l'espace absolument immobiles, mais seulement des quantités déterminées transférables d'un espace à l'autre. 2 Que deux corps de cette sorte ne peuvent coïncider en quelque point que ce soit ou qu'ils sont impénétrables et par suite lorsque leurs mouvements les font se rencontrer, ils sont réfléchis selon des lois déterminées ; 3 qu'ils peuvent exciter dans les esprits créés diverses perceptions des sens et de l'imagination et

aliquod super terra ad instar montis vel corporis cujuslibet terminatum evaderet corporibus impervium, adeoque lucem omniaque impingentia sisteret aut reflecteret ; impossibile videtur ut ope sensuum nostrorum (qui soli in hac re judices constituerentur) hoc spatium non revera corpus esse detegeremus ; foret enim tangibile propter impenetrabilitatem, et visibile opacum et coloratum propter reflectionem lucis, et percussum resonaret propterea quod aer vicinus percussione moveretur.

Fingamus itaque spatia vacua per mundum disseminari quorum aliquod certis limitibus definitum, divina potestate evadet corporibus impervium, et ex hypothesi manifestum est quod hoc obsisteret motibus corporum et fortasse reflecteret, et particulae corporeae proprietates omnes indueret, nisi quod foret immobile. Sed si fingamus praeterea illam impenetrabilitatem non in eadem spatij parte semper conservari sed posse hud illuc juxta certas leges transferri ita tamen ut illius spatij impenetrabilis quantitas et figura non mutetur, nulla foret corporis proprietas quae huic non competeret. Esset figuratum, tangibile, et mobile, reflecti posset, et reflectere, et in aliqua rerum compagine partem non minus constituere quam aliud quodvis corpusculum, et non video cur non aeque posset agere in mentes nostras et vicissim pati, cum sit nihil aliud quam effectus mentis divinae intra definitam spatij quantitatem elicitus. Nam certum est Deum voluntate sua posse nostras perceptiones movere, et proinde talem potestatem effectibus suae voluntatis adnectere.

Ad eundem modum si plura hujusmodi spatia et corporibus et seipsis impervia fierent, ea omnia vices corpusculorum gererent, eademque exhiberent phaenomena. Atque ita si hic mundus ex hujusmodi entibus totus constitueretur, vix aliter se habiturum esse videtur. Et proinde haec entia vel corpora forent vel corporibus simillima. Quod si forent corpora, tum corpora definire possemus esse *Extensionis quantitates determinatas quas Deus ubique praesens conditionibus quibusdam afficit :* quales sunt 1) ut sint mobiles, et ideo non dixi esse spatij partes numericas quae sunt prorsus immobiles, sed tantum definitas quantitates quae de spatio in spatium transferri queant. 2) Ut

peuvent à leur tour être mûs par ces esprits ; et cela n'est pas étonnant puisque la description de l'origine des choses trouve là son fondement.

D'ailleurs, il sera utile de préciser les points suivants à propos de ce qui vient d'être expliqué.

1. En ce qui concerne l'existence de ces êtres, il n'est pas besoin d'imaginer qu'est donnée une substance non intelligible en laquelle une forme substantielle serait inhérente comme en un sujet : l'étendue et l'acte de la volonté divine suffisent. L'étendue, en laquelle la forme du corps est conservée par la volonté divine, joue le rôle de sujet substantiel ; et cet effet de la volonté divine est la forme ou la raison formelle du corps, dénommant toute la dimension de l'espace où le corps est amené à l'être.

2. Ces êtres ne seraient pas moins réels que les corps et ne pourraient pas moins être appelés substances. En effet, tout ce que nous croyons réel dans les corps vient de leurs apparences et de leurs qualités sensibles. Par conséquent, puisque ces êtres seraient capables de recevoir toutes les qualités de ce type et pourraient en montrer de la même manière toutes les apparences, nous ne les jugerions pas moins réels, pourvu qu'ils existassent. Ils n'en seraient pas moins des substances puisqu'ils subsisteraient pareillement par Dieu seul et seraient le substrat des accidents.

3. Entre l'étendue et la forme qui lui est inhérente, il y a presque la même analogie que celle posée par les Aristotéliciens entre la matière première et les formes substantielles ; dans la mesure où, bien sûr, ils disent que cette matière est capable de recevoir toutes les formes et qu'elle doit à sa forme sa dénomination de corps numérique. Ainsi, en effet, je suppose que n'importe quelle forme peut être transférée à travers n'importe quel espace et désigne partout le même corps.

4. Elles diffèrent pourtant en ce que l'étendue a plus de réalité que la matière première (puisqu'elle est une *quiddité,* une *qualité* et une *quantité*) et en ce qu'elle peut aussi être comprise tout comme la forme assignée par moi aux corps. S'il y a, en effet, une difficulté à concevoir ceci, elle vient non de la forme que Dieu a introduite dans l'espace mais de la manière dont il l'a introduite. Mais, on ne doit pas prendre cela pour une difficulté, puisque le même problème se pose pour la manière dont nous mouvons nos membres et que pourtant nous nous croyons pas moins capables de les mouvoir. Si cette manière nous était connue, nous saurions aussi par là même

ejusmodi duo possint qualibet ex parte coincidere, sive ut sint impenetrabiles et proinde ut occurentes mutuis motibus obstent certisque legibus reflectantur. 3) Ut in mentibus creatis possint excitare varias sensuum et phantasiae perceptiones, et ab ipsis vicissim moveri, nec mirum cum originis descriptio in hoc fundatur.

Caeterum de jam explicatis juvabit annotare sequentia.

1. Quod ad horum entium existentiam non opus est ut effingamus aliquam substantiam non intelligibilem dari cui tanquam subjecto forma substantialis, inhaereat : sufficiunt extensio et actus divinae voluntatis. Extensio vicem substantialis subjecti gerit in qua forma corporis per divinam voluntatem conservatur ; et effectus iste divinae voluntatis est forma sive ratio formalis corporis denominans omnem spatij dimensionem in qua producitur esse corpus.

2. Haec entia non minus forent realia quam corpora, nec minus dici possent substantiae. Quicquid enim realitatis corporibus inesse credimus, hoc fit propter eorum Phaenomena et sensibilis qualitates. Et proinde haec Entia, cum forent omnium istius modi qualitatum capacia, et possent ea omnia phaenomena similiter exhibere, non minus realia esse judicaremus, si modo existerent. Nec minus forent substantiae, siquidem per solum Deum pariter subsisterent et substarent accidentibus.

3. Inter extensionem et ei inditam formam talis fere est Analogia qualem Aristotelici inter materiam primam et formas substantiales ponunt ; quatenus nempe dicunt eandem materiam esse omnium formarum capacem, et denominationem numerici corporis a forma mutuari. Sic enim pono quamvis formam per quaelibet spatia transferri posse, et idem corpus ubique denominare.

4. Differunt autem quod extensio (cum sit et quid, et quale, et quantum) habet plus realitatis quam materia prima, atque etiam quod intelligi potest, quemadmodum et forma quam corporibus assignavi. Siqua enim est in conceptione difficultas id non est formae quam Deus spatio indaret, sed modi quo indaret. Sed ea pro difficultate non

comment Dieu peut mouvoir les corps, les expulser d'un lieu défini par une figure donnée et empêcher les corps expulsés ou n'importe quel autre corps, de pouvoir y entrer de nouveau : c'est-à-dire faire que cet espace soit impénétrable et revête la forme d'un corps.

5. C'est pourquoi, j'ai déduit la description de la nature corporelle de la faculté de mouvoir nos corps, pour que toutes les difficultés de conception de cette nature se ramènent en fin de compte à cette faculté ; et pour qu'en outre, il nous apparaisse (dans l'intimité de nos consciences) que Dieu n'a pas créé le monde par une autre action que par celle de sa volonté, tout comme nous aussi nous mouvons nos corps par la seule action de notre volonté ; et pour montrer, de plus, que l'analogie entre nos facultés et les facultés divines est plus grande que les Philosophes l'ont remarqué jusqu'à présent. Que nous ayions été créés à l'image de Dieu est attesté dans les écrits sacrés. Et son image brillerait plus en nous si seulement, parmi les facultés qui nous ont été accordées, une image de son pouvoir de créer avait été esquissée comme les autres attributs qui lui appartiennent ; et le fait que nous soyons nous-mêmes des créatures et qu'ainsi un échantillon de cet attribut n'a pu nous être octroyé de la même manière, n'est pas une objection. Car, même si pour cette raison le pouvoir qu'ont les esprits de créer n'est pas esquissé en quelque faculté de l'esprit créé, l'esprit créé (puisqu'il est l'image de Dieu) est cependant de nature beaucoup plus noble que le corps, si bien qu'il le contient peut être en lui de façon éminente. Et, en outre, en mouvant des corps, nous ne créons ni ne pouvons créer quelque chose mais nous ne faisons que refléter le pouvoir de créer. En effet, nous ne pouvons pas rendre des espaces imperméables aux corps : nous ne faisons que mouvoir des corps et non pas n'importe lesquels mais seulement les nôtres auxquels nous sommes unis de par un décret divin et non de par notre propre volonté ; et [nous ne pouvons pas non plus mouvoir les corps] de n'importe quelle façon mais selon certaines lois que Dieu nous a imposées. Si l'on préfère que notre pouvoir soit dit fini et le plus bas degré du pouvoir qui a fait de Dieu un créateur, cela ne portera pas plus atteinte à la puissance de Dieu que ne porte atteinte à son intellect le fait que l'intellect nous appartient aussi [mais] à un degré fini ; surtout que c'est non par une puissance propre et autonome mais par une loi qui nous est imposée par Dieu que nous mouvons nos corps. Bien plus, si l'on croit possible à Dieu de produire une créature intellectuelle si parfaite qu'elle puisse à son tour produire avec le concours divin des créatures d'ordre inférieur, on ne portera pas atteinte à la puissance divine, bien loin de là ; car, on posera,

habenda est siquidem eadem in modo quo membra nostra movemus occurrit, et nil minus tamen credimus nos posse movere. Si modus iste nobis innotesceret, pari ratione sciremus quo pacto Deus etiam corpora posset movere et a loco aliquo data figura terminato expellere et impedire ne expulsa vel alia quaevis possent rursus ingredi, hoc est, efficere ut spatium istud foret impenitrabile et formam corporis indueret.

5. Hujus itaque naturae corporeae descriptionem a facultate movendi corpora nostra deduxit ut omnes in conceptu difficultates eo tandem redirent ; et praeterea ut (nobis intime conscijs) pateret Deum nulla alia quam volendi actione creasse mundum, quemadmodum et nos sola volendi actione movemus corpora nostra ; et in super ut Analogiam inter nostras ac Divinas facultates majorem esse ostenderem quam hactenus animadvertere Philosophi. Nos ad imaginem Dei creatos esse testatur sacra pagina. Et imago ejus in nobis magis elucescet si modo creandi potestatem aeque ac caetera ejus attributa in facultatibus nobis concessis adumbravit neque obest quod nosmet ipsi sumus creaturae adeoque specimen hujus attributi nobis non pariter concedi potuisse. Nam etsi ob hanc rationem potestas creandi mentes non deline[e]tur in aliqua facultate mentis creatae, tamen mens creata (cum sit imago Dei) est naturae longe nobilioris quam corpus ut forsan eminenter in se contineat. Sed praeterea movendo corpora non creamus aliquid nec possumus creare sed potestatem creandi tantum adumbramus. Non possumus enim efficere ut spatia aliqua sint corporibus impervia, sed corpora tantum movemus, eaque non quaelibet sed propria tantum, quibus divina constitutione et non nostra voluntate unimur, neque quolibet modo sed secundum quasdem leges quas Deus nobis imposuit. Siquis autem maluit hanc nostram potestatem dici finitum et infimum gradum potestatis quae Deum Creatorem constituit, hoc non magis derogaret de divina potestate quam de ejus intellectu derogat quod nobis etiam finito gradu competit intellectus ; praesertim cum non est propriae et independentis potestatis sed legis a Deo nobis impositae quod corpora nostra movemus. Quinetiam si quis opinatur possibile esse ut Deus

comme infiniment plus grand pour ainsi dire, le pouvoir qui mène à l'existence les créatures, non seulement immédiatement mais aussi par la médiation d'autres créatures. Ainsi, certains préféreront peut-être supposer que Dieu a créé une âme du monde à laquelle il a donné pour loi de pourvoir de propriétés corporelles des espaces déterminés ; plutôt que croire cette tâche immédiatement accomplie par Dieu. [Mais] le monde en serait appelé non pour autant la créature de cette âme mais la créature de Dieu seul qui l'aurait créée, en dotant l'âme d'une nature telle que le monde émanerait nécessairement d'elle. Mais je ne vois pas pourquoi Dieu lui-même n'informe pas directement l'espace au moyen des corps ; pourvu que nous distinguions la raison formelle des corps de l'acte de la volonté divine. En effet, il est contradictoire que le corps soit l'acte de volonté lui-même ou n'importe quoi d'autre que le seul effet produit par cet acte en l'espace. De fait, cet effet ne diffère pas moins de cet acte que l'espace cartésien ou la substance du corps, selon l'opinion du vulgaire ; si seulement nous supposons qu'ils sont créés, c'est-à-dire qu'ils tirent leur existence de la volonté divine ou qu'ils sont des êtres issus de la raison divine.

Enfin, l'utilité de l'Idée de corps que je viens de décrire est tout particulièrement mise en lumière du fait qu'elle implique clairement les principales vérités de la Métaphysique, les confirme très bien et les explique. En effet, nous ne pouvons pas poser des corps de cette sorte sans poser en même temps que Dieu existe, qu'il a créé les corps à partir de rien dans un espace vide et qu'ils sont des êtres distincts des esprits créés mais qui peuvent cependant être unis aux esprits. Dites, je vous prie, laquelle, parmi les opinions déjà formulées, élucide l'une quelconque de ces vérités ou plutôt ne s'oppose pas à elles toutes et ne les rend sujettes à doute. Si nous disons avec Descartes que l'étendue est un corps, ne frayons-nous pas la voie à l'Athéisme, manifestement, tant parce que l'étendue est non pas une créature mais existe de toute éternité que parce que nous en avons une idée absolue, sans aucune relation à Dieu et qu'ainsi nous pouvons concevoir qu'elle existe tout en imaginant que Dieu n'existe pas ? Et la distinction de l'esprit et du corps [posée] dans cette Philosophie n'est pas intelligible, à moins de dire en même temps que l'esprit n'est en aucune manière étendu et qu'ainsi il n'est substantiellement présent à aucune étendue, ou qu'il n'est nulle part : c'est comme si nous disions qu'il n'existe pas ; ou encore cette thèse rend l'union de cet esprit au corps fort peu intelligible, pour ne pas dire impossible. En outre, si la distinction des substances en « pensantes » et « étendues » est légitime

intellectualem aliquam creaturam tam perfectam producat quae ope divini concursus possit inferioris ordinis creaturas rursus producere, hoc adeo non derogaret divinae potestati, ut longe, ne dicam infinite majorem poneret, a qua scilicet creaturae non tantum immediate sed mediantibus alijs creaturis elicerentur. Et sic aliqui fortasse maluerint ponere animam mundi a Deo creatam esse cui hanc legem imponit ut spatia definita corporeis proprietatibus afficiat quam credere hoc officium a Deo immediate praestari. Neque ideo mundus diceretur animae illius creatura sed Dei solius qui crearet constituendo animam talis naturae ut mundus necessario emanaret. Sed non video cur Deus ipse non immediate spatium corporibus informet : dummodo corporum ratio formalis ab actu divinae voluntatis distinguamus. Contradicit enim ut sit ipse actus volendi, vel aliud quid quam effectus tantum quem actus ille in spatio producit. Qui quidem effectus non minus differt ab actu illo quam spatium Cartesianum, aut substantia corporis juxta vulgi conceptum ; si modo ista creari, hoc est existentiam a voluntate mutuari sive esse entia rationis divinae supponimus.

Denique descriptae corporum Ideae usus maxime elucescit quod praecipuas Metaphysicae veritates clare involvit optimeque confirmat et explicat. Non possumus enim hujusmodi corpora ponere quin simul ponamus Deum existere, et corpora in inani spatio ex nihilo creasse, eaque esse entia a mentibus creatis distincta, sed posse tamen mentibus uniri. Dic sodes quaenam opinionum jam vulgatarum quampiam harum veritatum elucidat aut potius non adversatur omnibus et perplexas reddit. Si cum Cartesio dicamus extensionem esse corpus, an non Atheiae viam manifeste sternimus, tum quod extensio non est creatura sed ab aeterno fuit, tum quod Ideam ejus sine aliqua ad Deum relatione habemus absolutam, adeoque possumus ut existentem interea concipere dum Deum non esse fingimus. Neque distinctio mentis a corpore juxta hanc Philosophiam intelligibilis est, nisi simul dicamus mentem esse nullo modo extensam, adeoque nulli extensioni substantialiter praesentem esse, sive nullibi esse ; quod perinde videtur ac si diceremus non esse ; aut minimum reddit unio-

et parfaite, alors Dieu ne comprend pas l'étendue éminemment en lui et ne peut donc la créer ; mais Dieu et l'étendue seront alors deux substances séparées l'une de l'autre, complètes, absolues et étant univoquement substances. Ou bien, au contraire, si l'étendue est éminemment contenue en Dieu ou dans l'Être pensant suprême, l'Idée d'étendue sera certainement contenue éminemment dans l'idée de pensée et la distinction des idées ne sera donc pas si grande que l'une et l'autre ne puissent appartenir à une même substance créée ; cela fait que les corps pensent ou que les choses pensantes sont étendues. Et si nous adoptons l'idée vulgaire du corps — ou plus exactement une non-idée — selon laquelle se cache dans les corps une réalité non intelligible dont on dit qu'elle est la substance et à laquelle les qualités des corps sont inhérentes : cette [thèse] est (mise à part son inintelligibilité) exposée aux mêmes inconvénients que la thèse cartésienne. Car, comme on ne peut comprendre cette substance, il est [aussi] impossible de comprendre sa distinction d'avec le corps. En effet, la distinction tirée de la forme substantielle ou des attributs des substances ne suffit pas. Car, si les substances nues n'ont pas de différence essentielle, les mêmes formes substantielles ou attributs peuvent appartenir à l'une ou à l'autre et faire qu'elles soient alternativement, si pas même simultanément, esprit et corps ; si donc nous ne saisissons pas la différence entre les substances dépouillées de leurs attributs, nous ne pourrons pas affirmer en le sachant que l'esprit et le corps diffèrent substantiellement. Ou s'ils diffèrent, nous ne pourrons pas appréhender un quelconque fondement à leur union. En outre, ils attribuent à la substance divine abstraite de ses attributs une réalité inférieure — en paroles mais non pas en pensée — à celle de la substance des corps considérée sans qualités ni formes. Ils conçoivent de la même manière les deux substances considérées à nu ou plutôt ils ne les conçoivent pas mais les confondent en l'idée commune d'une réalité non intelligible. Par suite, il n'est pas étonnant que surgissent des Athées qui assignent aux substances corporelles ce qui ne revient qu'à la substance divine. On a beau regarder autour de soi, on ne trouve guère d'autre cause à l'Athéisme que cette notion de corps en tant que dotés d'une réalité en soi, complète, absolue et indépendante, notion telle que beaucoup d'entre nous la concevons dans notre esprit d'ordinaire par négligence depuis l'enfance, si je ne me trompe ; alors que nous la disons, dans nos paroles, créée et dépendante. Je crois que ce préjugé a été la cause de ce que le nom de « substance » a été attribué dans l'École, par homonymie, à Dieu et aux créatures et qu'ainsi les Philosophes, en formant l'Idée de corps, sont embarrassés et divaguent parce qu'ils s'efforcent de former une Idée indépendante

nem ejus cum corpore plane intelligibilem, ne dicam impossibilem. Praeterea si legitima et perfecta est distinctio substantiarum in cogitantes et extensas ; tum Deus extensionem in se non continet eminenter et proinde creare nequit ; sed Deus et extensio duae erunt substantiae seorsim completae absolutae et univoce dictae. Aut contra si extensio in Deo sive summo ente cogitante eminenter continetur, certe Idea extensionis in Idea Cogitationis eminenter continebitur, et proinde distinctio Idearum non tanta erit quin ut ambae possint eidem creatae substantiae competere, hoc est corpora cogitare vel res cogitantes extendi. Quod si vulgarem corporis Ideam aut potius non Ideam amplectimur, scilicet quod in corporibus latet aliqua non intelligibilis realitas quam dicunt substantiam esse in qua qualitates eorum inhaerent : Hoc (super quam quod non est intelligibile), ijsdem incommodis ac sententia Cartesiana comitatur. Nam cum nequit intelligi, impossibile est ut distinctio ejus a substantia mentis intelligatur. Non enim sufficit discrimen a forma substantiali vel substantiarum attributis desumptum ; Nam si denudatae substantiae non habent essentialem differentiam, eaedem formae substantiales vel attributa possunt alterutri competere et efficere ut vicibus saltem si non simul si mens et corpus. Adeoque si illam substantiarum attributis denudatarum differentiam non intelligimus, non possumus scientes affirmare quod mens et corpus substantialiter differunt. Vel si differunt non possumus aliquod unionis fundamentum deprehendere. Praeterea huic corporum substantiae sine qualitatibus et formis spectatae realitatem in verbis quidem minorem sed in conceptu non minorem tribuunt, quam substantiae Dei, abstractae ab ejus attributis. Ambas nude spectatas similiter concipiunt, vel potius non concipiunt sed in communi quadam realitatis non intelligibilis apprehensione confundunt. Et hinc non mirum est quod Athei nascuntur ascribentes id substantijs corporeis quod soli divinae debetur. Quinimo circumspicienti nulla alia fere occurrit Atheorum causa quam haec notio corporum quasi habentium realitatem in se completam absolutam et independentem, qualem plerique omnes a pueris ni fallor per incuriam solemus mente concipere, ut ut verbis dicamus esse creatam ac

d'une chose qui dépend de Dieu. Car, assurément, tout ce qui ne peut pas exister indépendamment de Dieu, ne peut pas être véritablement compris indépendamment de l'Idée de Dieu. Dieu n'est pas moins le substrat des créatures que celles-ci sont les substrats des accidents, de sorte que la substance créée est d'une nature intermédiaire entre Dieu et l'accident, que l'on considère le degré de dépendance ou celui de réalité. Par conséquent, l'Idée de cette substance n'implique pas moins le concept de Dieu que l'Idée d'accident n'implique celui de substance créée. Elle ne doit donc pas comprendre en elle d'autre réalité qu'une réalité dérivée et incomplète. C'est pourquoi il faut abandonner le préjugé susdit et assigner la réalité substantielle à cette sorte d'attribut qui est réelle par elle-même, intelligible et n'a pas besoin d'être inhérente à un sujet, au lieu d'assigner une telle réalité à un sujet que nous ne pouvons pas concevoir comme dépendant et dont nous pouvons moins encore former une Idée. Nous réaliserons cela sans grande difficulté si nous faisons réflexion que, outre l'Idée de corps exposée ci-dessus, nous pouvons concevoir l'existence de l'espace sans aucun sujet lorsque nous pensons au vide. Par suite, quelque chose de la réalité substantielle convient à |la substance étendue|. Mais si, de plus, la mobilité des parties (telle que Descartes l'a imaginée) était impliquée dans l'Idée d'espace, tout le monde accorderait très facilement que c'est une substance corporelle. De même, si nous avions l'Idée de l'Attribut ou de la puissance par laquelle Dieu peut créer des êtres par la seule action de sa volonté : peut-être, concevrions-nous cet Attribut comme une substance, subsistant par elle-même sans aucun sujet et impliquant tous les autres attributs de Dieu. Mais, tant que nous ne pouvons pas former une Idée, non seulement de cet Attribut, mais aussi de la puissance propre qui fait mouvoir nos corps, il serait téméraire de dire quel est le fondement substantiel des esprits.

Nous avons jusqu'à présent parlé de la nature corporelle : en cette explication, j'estime avoir suffisamment prouvé que sa création, telle que je l'ai exposée, est très manifestement entre les mains de Dieu ; et que si le monde n'a pas été formé à partir d'une création de cette nature du moins se peut-il qu'un autre monde très semblable à celui-ci a pu être constitué. Et comme il n'y aurait aucune différence entre ces deux matières quant à leurs propriétés et nature, mais seulement quant à la méthode par laquelle Dieu les aurait créées différentes : la distinction du corps et de l'étendue en est suffisamment mise en lumière. Car, bien sûr, l'étendue est éternelle, infinie, increée, partout uniforme, nullement mobile ni capable de provoquer un changement

dependentem. Et hoc praejudicium in causa fuisse credo quod in Scholis nomen substantiae Deo et creaturis univoce tribuitur, et quod in Idea corporis efformanda haerent Philosophi et hallucinantur, utpote dum rei a Deo dependentis Ideam independentem efformare conantur. Nam certe quicquid non potest esse independenter a Deo, non potest vere intelligi independenter ab Idea Dei. Deus non minus substat creaturis quam ipsae substant accidentibus, adeo ut substantia creata, sive graduatam dependentiam spectes sive gradum realitatis, est intermediae naturae inter Deum et accidens. Et proinde Idea ejus non minus involvit conceptum Dei quam accidentis Idea conceptum substantiae creatae. Adeoque non aliam in se realitatem quam derivativam et incompletam complecti debet. Deponendum est itaque praedictum praejudicium et substantialis realitas ejusmodi Attributis potius ascribenda est quae per se realia sunt et intelligilia et non egeant subjecto cui inhaerant, quam subjecto cuidam quod non possumus ut dependens concipere nedum ullam ejus Ideam efformare. Et hoc vix gravate faciemus si (praeter Ideam corporis supra expositam) animis nostris advertimus nos posse spatium sine aliquo subjecto existens concipere, dum vacuum cogitamus. Et proinde huic aliquid substantialis realitatis competit. Sed si praeterea mobilitas partium (ut finxit Cartesius) in Idea ejus involveretur, nemo sane non facile concederet esse substantiam corpoream. Ad eundem modum si Ideam Attributi sive potestatis istius haberemus quo Deus sola voluntatis actione potest entia creare : forte conciperemus Attributum istud tanquam per se sine aliqua subjecta substantia subsistens et involvens caetera ejus attributa. Sed interea dum non hujus tantum Attributi, sed et potestatis propriae qua nostra corpora movemus, non possumus Ideam efformare : temeritatis esset dicere quodnam sit mentium substantiale fundamentum.

Hactenus de natura corporea : in qua explicanda me satis praetitisse arbitror quod talem exposui cujus creationem esse penes Deum clarissime constet, et ex qua creata si mundus hicce non constituitur, saltem alius huic simillimus constitui potest. Et cum materiarum quoad proprietates et naturam nulla esset differentia, sed tantum in

de mouvement dans les corps ou un changement de pensée dans les esprits : quant au corps, il est à l'opposé de cela sous tous ces rapports, s'il est vrai que Dieu n'a pas décidé de le créer partout et toujours. Car, je n'oserai pas refuser à Dieu ce pouvoir *.

D'ailleurs, pour répondre maintenant d'une manière plus serrée à l'argumentation cartésienne : supprimons du corps (comme il l'exige) la gravité, la dureté et toutes les qualités sensibles, de sorte qu'il ne reste à la fin rien d'autre que ce qui appartient à l'essence du corps. Faut-il croire qu'il ne restera plus dès lors que l'étendue ? Point du tout. Car, il faudrait rejeter en outre la faculté ou la puissance par laquelle les corps mettent en mouvement les perceptions des choses pensantes. Car, puisqu'il y a entre les Idées de pensée et d'étendue une différence si grande que l'on ne voit rien qui puisse être le fondement de leur connection ou de leur relation, si ce n'est ce qui serait causé par la puissance divine : on peut rejeter cette faculté des corps en conservant l'étendue mais non en conservant leur nature corporelle. Assurément, les changements qui peuvent être provoqués dans les corps, par des causes naturelles, ne sont qu'accidentels et ne signifient pas que la substance soit vraiment changée. Mais si survient un changement qui transcende les causes naturelles, il est plus qu'accidentel et affecte radicalement la substance. Conformément au sens de cette démonstration, il ne faut rejeter que ce dont les corps de par leur nature peuvent manquer et ce dont ils peuvent être dépouillés. Mais, que personne n'aille faire l'objection suivante : les corps qui ne sont pas unis à des esprits, ne peuvent pas mettre immédiatement en mouvement les perceptions de ces esprits ; et puisqu'il existe des corps qui ne sont pas unis aux esprits, il suit donc que cette puissance n'est pas en leur essence : il faut remarquer qu'ici nous parlons non de l'union actuelle mais seulement de la faculté des corps qui rend ceux-ci capables de cette union et par leur nature. Or que cette faculté appartienne à tous les corps, c'est ce qu'atteste le fait que les parties du cerveau, surtout les plus subtiles, auxquelles l'esprit est

* Et si quelqu'un est d'un avis contraire, qu'il dise où Dieu, pour la première fois, a pu créer la matière et d'où il a reçu cette puissance de créer. Ou bien, s'il n'y a pas eu de commencement à cette puissance mais que Dieu a maintenant la puissance qu'il a de toute éternité, alors c'est de toute éternité qu'il a pu créer la matière. Car, c'est la même chose de dire qu'il n'y a aucune impuissance en Dieu pour créer et qu'il a toujours eu la puissance de créer, qu'il a pu créer et que la matière a toujours pu être créée. De même, il faut soit assigner un espace où la matière n'a pas pu être créée depuis le commencement soit concéder que Dieu a pu la créer partout à ce moment-là.

methodo qua Deus aliam atque aliam crearet : sane corporis ab extensione distinctio ex hisce satis elucescet. Quod nempe extensio sit aeterna, infinita, increata, passim uniformis, nullatenus mobilis, nec motuum in corporibus vel cogitationum in mentibus mutationem aliquam inducere potens : corpus vero in his omnibus contrario modo se habet, saltem si Deo non placuit semper et ubique creasse. Nam Deo potestatem hancce non ausim denegare *.

Caeterum ut Cartesij argumento jam strictius respondeam : tollamus e corpore (sicut ille jubet) gravitatem duritiem et omnes sensibiles qualitates, ut nihil tandem maneat nisi quod pertinet ad essentiam ejus. An itaque jam sola restabit extensio ? neutiquam. Nam rejiciamus praeterea facultatem sive potestatem illam qua rerum cogitantium perceptiones movent. Nam cum tanta est inter Ideas cogitationis et extensionis distinctio ut non pateat aliquod esse connectionis aut relationis fundamentum nisi quod divina potestate causetur : illa corporum facultas salva extensione potest rejici, sed non rejicietur salva natura corporea. Scilicet mutationes quae corporibus a causis naturalibus induci possunt sunt tantum accidentales et non denominant substantiam revera mutari. Sed siqua inducitur mutatio quae causas naturales transcendit, ea plusquam accidentalis est et substantiam radicitus attingit. Juxtaque sensum Demonstrationis ea sola rejicienda sunt quibus corpora vi naturae carere et privari possunt. Sed nequis objiciat quod corpora quae mentibus non uniuntur, perceptiones earum immediate movere nequeunt. Et proinde cum corpora dantur nullis mentibus unita, sequitur hanc potestatem non esse de illorum essentia. Animadvertendum est quod de actuali unione hic non agitur sed tantum de facultate corporum qua viribus naturae sunt

* Et siquis aliter sentit, dicat ubi primum materia creari potuit et unde potestas creandi tunc Deo concessa est. Aut si potestatis illius non fuit initium, sed eandem ab aeterno habuit quam jam habet, tunc ab aeterno potuit creasse. Nam idem est dicere quod in Deo nunquam fuit impotentia ad creandum, vel quod semper habuit potestatem creandi potuitque creasse, et quod materia semper potuit creari. Ad eundem modum assignetur spatium in quo materia non potuit sub initio creari, aut concedatur Deum potuisse tunc ubique creasse.

uni, sont en continuel flux, et que de nouvelles succèdent même sans arrêt à celles qui s'envolent. Supprimer cette faculté, en considérant soit l'acte divin soit la nature corporelle, est aussi grave que supprimer l'autre faculté, par laquelle les corps ont la force de se transférer leurs actions mutuellement les uns aux autres : c'est-à-dire aussi grave que réduire le corps à un espace vide.

Mais, comme l'eau fait moins obstacle aux mouvements des solides qui la traversent que le vif-argent ; que l'air le fait encore moins que l'eau et que les espaces éthérés le font encore moins que l'air ; si l'on rejette en outre toute puissance de résistance au passage des corps qui traversent, l'on rejettera alors complètement la nature corporelle. De même, si la matière subtile était privée de toute puissance d'empêcher les mouvements des petits globes, je croirais, que c'est non plus de la matière subtile mais du vide disséminé. Si donc l'espace de l'air ou de l'éther était de nature à céder sans résistance aux mouvements des Comètes ou de projectiles quelconques, je croirais que cet espace est totalement vide. Car, il est impossible que le fluide corporel ne fasse pas obstacle aux mouvements des corps qui le traversent, dès lors qu'il n'est pas réglé pour se mouvoir à la vitesse de ces corps *.

Mais, il est manifeste que toute cette force peut être retirée à l'espace, pourvu que l'espace et le corps diffèrent l'un de l'autre ; et par suite, il ne faut pas nier que l'on puisse la retirer, avant de prouver que le corps et l'espace ne diffèrent point, de peur d'admettre un paralogisme par pétition de principe.

Mais, pour qu'il ne subsiste aucun doute, on peut observer à la suite de ce que l'on vient de dire, qu'il existe des espaces vides dans la nature. Car, si l'éther était un fluide totalement corporel, sans aucun pore vide, il serait aussi dense que n'importe quel autre fluide, si subtil soit-il de par la division de ses parties ; et il céderait aux mouvements des corps qui le traverseraient, par une inertie non moindre que celle de ce fluide-ci ; il y céderait par une inertie bien plus grande au contraire, pour peu que le projectile soit poreux : parce que l'éther pénétrerait en ses pores intimes et qu'il rencontrerait non seulement toute la surface externe mais aussi les surfaces de toutes les parties internes et leur ferait obstacle. Mais, puisque au contraire la résistance de l'éther est si faible qu'en la comparant à celle du vif-argent, elle semble être plus de dix ou cent mille fois plus

* Lettre 96 à Mersenne - Part. 2.

istius unionis capacia. Quam quidem facultatem inesse omnibus corporibus ex eo manifestum est quod partes cerebri, praesertim subtiliores quibus mens unitur sunt in continuo fluxu, at avolantibus novae succedunt. Et hanc tollere sive spectes actum divinum sive naturam corpoream non minoris est quam tollere facultatem alteram qua corpora mutuas actiones in se invicem transferre valeant, hoc est quam corpus in inane spatium redigere.

Cum autem aqua minus obstat motibus trajectorum solidorum quam argentum vivum et aer longe minus quam aqua, et spatia aetherea adhuc minus quam aëra rejiciamus praeterea vim omnem impediendi motus trajectorum et sane naturam corpoream penitus rejiciemus. Quemadmodum si materia subtilis vi omni privaretur impediendi motus globulorum, non amplius crederem esse materiam subtilem sed vacuum disseminatum. Atque ita si spatium aërum vel aethereum ejusmodi esset ut Cometarum vel corporum quorumlibet projectilium motibus sine aliqua resistentia cederet crederem esse penitus inane. Nam impossibile est ut fluidum corporeum non obstet motibus trajectorum, puta si non disponitur ad motum juxta cum eorum motu velocem * quemadmodum suppono.

Hanc autem vim omnem a spatio posse tolli manifestum est si modo spatium et corpus ab invicem differunt ; et proinde tolli posse non est denegandum antequam probantur non differe, ne paralogismus, petendo principium admittatur.

Sed nequa supersit dubitatio, ex praedictis observandum venit quod inania spatia in rerum natura dantur. Nam si aether esset fluidum sine poris aliquibus vacuis penitus corporeum, illud, utcunque per divisionem partium subtiliatum, foret aeque densum atque aliud quodvis fluidum, et non minori inertia motibus trajectorum cederet, imo longe majori, si modo projectile foret porosum ; propterea quod intimos ejus poros ingrederetur, et non modo totius externae superficiei sed et omnium internarum partium superficiebus

* Part. 2 Epist 96 ad Mersennum.

petite : on doit raisonnablement considérer que la plus grande partie de l'espace éthéré est comme un vide disséminé entre les corpuscules d'éther. On peut aussi conjecturer la même chose en se référant à la différence de gravité de ces fluides ; car, tant la chute des graves que les oscillations des pendules montrent combien [la résistance] de ces corps est proportionnelle à la densité des fluides ou à leurs quantités de matière contenues en des espaces égaux. Mais, ce n'est pas le lieu d'approfondir ceci maintenant.

Vous voyez ainsi combien l'argumentation cartésienne est fausse et peu sûre, puisqu'en rejetant les accidents des corps il ne reste pas l'étendue seule, comme [ce philosophe] l'avait imaginé, mais aussi les facultés par lesquelles les corps peuvent mettre en mouvement tant les perceptions des esprits que les autres corps. Si nous rejetons en outre ces facultés et toute puissance de mouvoir de sorte que reste seule la conception précise d'un espace uniforme : Descartes fabriquera-t-il des tourbillons ou un monde à partir de cette étendue ? Sûrement pas, sauf s'il invoque Dieu au préalable qui seul peut créer des corps *de novo* en ces espaces, (en restituant ces facultés ou la nature corporelle, comme je l'ai expliqué auparavant). Ainsi, dans ce qui a été dit plus haut, j'ai eu raison d'assigner la nature corporelle aux facultés déjà énumérées.

C'est pourquoi enfin, puisque les espaces sont non les corps eux-mêmes mais seulement les lieux où les corps sont présents et se meuvent, je pense que ce que j'ai établi sur le mouvement local, est suffisamment confirmé. Et je ne vois pas ce que l'on peut désirer de plus sur ce point, à moins peut-être de rappeler à ceux que ces propos ne satisfont pas, qu'ils doivent entendre ce que j'ai défini par « espace dont les parties sont des lieux pleins de corps », l'espace générique cartésien où se meuvent des espaces pris individuellement ou encore des corps cartésiens ; et assurément ils ne trouveront pas grand-chose à reprendre à nos définitions.

Après cette digression assez longue, revenons à notre sujet.

Définition 5. La force est le principe causal du mouvement et du repos. Elle est soit une force externe qui génère, détruit ou change d'une quelconque manière le mouvement imprimé à un corps ; soit un principe interne par lequel le mouvement ou le repos attaché au corps est conservé et par lequel tout être s'efforce de persévérer en son état et oppose de la résistance.

Définition 6. Le *conatus* est la force qu'un obstacle contrarie ou la force [qui se déploie] dans la mesure où il y a résistance.

occurreret et impedimento esset. Sed cum aetheris e contra tam parva est resistentia ut ad resistentiam argenti vivi collata videatur esse plusquam decies vel centies mille vicibus minor : sane spatij aetherei pars longe maxima pro vacuo inter aetherea corpuscula disseminato haberi debet. Quod idem praeterea ex diversa gravitate horum fluidorum conjicere liceat, quam esse ut eorum densitates sive ut quantitates materiae in aequalibus spatijs contentae monstrant tum gravium descensus tum undulationes pendulorum. Sed his enucleandis jam non est locus.

Videtis itaque quam fallax et infida est haecce Cartesij argumentatio, siquidem rejectis corporum accidentibus, non sola remansit extensio ut ille finxerat, sed et facultates quibus tum perceptiones mentium tum alia corpora movere valeant. Quod si praeterea facultates hasce omnemque movendi potestatem rejiciamus ut sola maneat spatij uniformis praecisa conceptio : ecquos Vortices, ecquem mundum Cartesius ex hac extensione fabricabit ? sane nullos nisi Deum prius invocet qui solus corpora de novo (restituendo facultates istas sive Naturam corpoream prout ante explicui) in spatijs istis procreare possit. Adeoque in superioribus recte assignavi naturam corpoream in facultatibus jam recensitis consistere.

Atque ita tandem cum spatia non sunt ipsissima corpora sed loca tantum in quibus insunt et moventur quae de motu locali definivi satis firmata esse puto. Nec video quid amplius in hac re desiderari queat nisi forte ut quibus haec non satisfaciunt, ipsos moneam ut per spatium cujus partes esse corporum implentium loca definivi intelligant spatium genericum Cartesianum in quo spatia singulariter spectata, sive corpora Cartesiana moventur, et sane vix habebunt quod in definitionibus nostris reprehendant.

Jam satis digressi redeamus ad propositum.

Def. 5. Vis est motus et quietis causale principium. Estque vel extenum quod in aliquod corpus impressum motum ejus vel generat vel destruit, vel aliquo saltem modo mutat, vel est internum principium quo motus vel quies corpori indita conservatur, et quodlibet ens in suo statu perseverare conatur & impeditum reluctatur.

Définition 7. L'*impetus* est la force en tant qu'elle est imprimée à un autre corps.

Définition 8. L'inertie est la force interne d'un corps qui empêche celui-ci de changer facilement d'état sous l'effet d'une force appliquée à ce corps.

Définition 9. La pression est l'effort de parties contiguës les unes aux autres pour se pénétrer mutuellement dans leurs délimitations. Car si elles pouvaient se pénétrer, la pression cesserait. Celle-ci ne s'exerce qu'entre les parties contiguës qui pressent à leur tour sur d'autres parties qui leur sont contiguës, jusqu'à ce que la pression soit transmise aux parties les plus éloignées du corps dur, mou ou fluide. C'est sur cette action qu'est fondée la communication du mouvement par l'intermédiaire d'un point ou d'une surface de contact.

Définition 10. La gravité est la force qui incite un corps à descendre. Entendez ici par « descente » non seulement le mouvement vers le centre de la Terre mais aussi vers n'importe quel point ou région ; ou encore accompli depuis n'importe quel point. De même, si l'on considère comme gravité, le *conatus* de l'éther qui tourne autour du Soleil pour s'éloigner du centre de cet astre, il faut dire que l'éther qui s'éloigne du Soleil, descend. Ainsi, en respectant l'analogie, le plan qui est directement opposé à la détermination de la gravité ou de l'effort, sera appelé horizontal.

D'ailleurs, la quantité de ces puissances, à savoir, du mouvement, de la force, du *conatus*, de l'*impetus*, de l'inertie, de la pression et de la gravité est évaluée doublement : soit selon l'intensité de ces puissances soit selon leur étendue.

Définition 11. L'intensité d'une des puissances susdites est le degré de sa qualité.

Définition 12. Son étendue est la quantité d'espace sur lequel elle s'exerce ou la quantité de temps dans lequel elle s'exerce.

Définition 13. Sa quantité absolue est la quantité composée de son intensité et de son étendue. Par exemple si la quantité de l'intensité est 2, celle de l'étendue 3, le produit de l'une par l'autre donnera 6 pour la quantité absolue.

D'ailleurs, il sera utile d'illustrer ces définitions par des puissances individuelles. Ainsi, le mouvement est dit plus ou moins intense suivant que l'espace franchi, à temps égal, est plus ou moins grand ; et de fait, c'est la raison pour laquelle on dit d'un corps qu'il se meut

Def. 6. Conatus est vis impedita sive vis quatenus resistitur.

Def. 7. Impetus est vis quatenus in aliud imprimitur.

Def. 8. Inertia est vis interna corporis ne status ejus externa vi illata facile mutetur.

Def. 9. Pressio est partium contiguarum conatus ad ipsarum dimensiones mutuo penetrandum. Nam si possent penetrare cessaret pressio. Estque partium contiguarum tantum, quae rursus premunt alias sibi contiguas donec pressio in remotissimas cujuslibet corporis duri mollis vel fluidi partes transferatur. Et in hac actione communicatio motus mediante puncto vel superficie contactus fundatur.

Def. 10. Gravitas est vis corpori indita ad descendendum incitans. Hic autem per descensum non tantum intellige motum versus centrum terrae sed et versus aliud quodvis punctum plagamve, aut etiam a puncto aliquo peractum. Quemadmodum si aetheris circa Solem gyrantis conatus recedendi a centro ejus pro gravitate habeatur, descendere dicetur aether qui a Sole recedit. Et sic analogiam observando, planum dicetur horizontale quod gravitatis sive conatur determinationi directe opponitur.

Caeterum harum potestatum, nempe motus, vis, conatus, impetus, inertiae, pressionis, et gravitatis quantitas duplici ratione aestimatur ; utpote vel secundum intensionem earum vel extensionem.

Def. 11. Intensio potestatis alicujus praedictae est ejus qualitatis gradus.

Def. 12. Extensio ejus est spatij vel temporis quantitas in quo exercetur.

Def. 13. Ejusque quantitas absoluta est quae ab ejus intensione et extensione componitur. Quemadmodum si quantitas intensionis sit 2, et quantitas extensionis 3, duc in seinvicem et habebitur quantitas absoluta 6.

Caeterum hasce definitiones in singulis potestatibus illustrare juvabit. Sic itaque Motus intensior est vel remissior quo spatium majus

plus vite ou plus lentement. Quant à l'étendue du mouvement, elle est plus ou moins grande selon que le mouvement fait mouvoir un corps plus ou moins grand ou qu'il se diffuse à travers un corps plus ou moins grand. La quantité absolue du mouvement est la quantité composée à la fois de la vitesse et de grandeur du corps mû. Ainsi, la force, le *conatus*, l'*impetus* et l'inertie sont dits d'autant plus intenses que, s'exerçant sur un même corps ou un corps égal, ils sont plus grands ; et, d'autant plus étendus qu'ils ont à s'exercer sur un corps plus grand ; et la quantité absolue d'une de ces puissances dépend de l'un et l'autre facteurs. Ainsi, l'intensité d'une pression est proportionnelle à l'accroissement de la pression sur la surface, son étendue est proportionnelle à la grandeur de la surface pressée ; et la quantité absolue résulte de l'intensité de la pression et de la quantité de la surface pressée. Ainsi enfin, l'intensité de la gravité est proportionnelle à la gravité spécifique du corps ; son étendue est proportionnelle à la grandeur du corps grave et la quantité de la gravité, absolument parlant, est la quantité qui résulte de la gravité spécifique et de la grandeur du corps qui gravite. Et quiconque ne distingue pas clairement ces notions doit nécessairement tomber dans un très grand nombre d'erreurs, en ce qui concerne les sciences mécaniques.

De plus, la quantité de ces puissances peut être parfois évaluée en fonction de l'intervalle de durée : c'est la raison pour laquelle il y aura une quantité absolue composée tout ensemble de l'intensité, de l'étendue et de la durée. Par exemple, si un corps de masse 2, se meut à une vitesse 3 et dans un temps 4 : le mouvement tout entier sera 2 × 3 × 4, soit 12.

Définition 14. La vélocité est l'intensité du mouvement et la lenteur est le relâchement du mouvement.

Définition 15. Les corps sont plus denses quand leur inertie est plus intense et plus rares quand leur inertie est plus faible.

Les autres espèces de puissances énoncées plus haut n'ont pas de nom.

Il faut toutefois remarquer que si nous supposons avec Descartes ou Épicure que la raréfaction et la condensation s'effectuent à la manière d'une éponge relâchée ou comprimée, c'est-à-dire par la dilatation et la contraction des pores pleins ou vides d'une matière très subtile, en cette *Définition* 15, nous devons évaluer la grandeur du corps tout entier tant par la quantité de ses parties que par celle de ses pores ; de la sorte, on pourrait concevoir que l'inertie est diminuée

vel minus in eodem tempore transigitur, qua quidem ratione corpus dici solet velocius vel tardius moveri. Motus vero magis vel minus extensus est quocum corpus majus vel minus movetur, sive qui per majus vel minus corpus diffunditur. Et motus absoluta quantitas est quae componitur ex utrisque velocitate et magnitudine corporis moti. Sic vis, conatus, impetus, et inertia intensior est quae est in eodem vel aequali corpore major ; extensior est quae est in majori corpore ; et ejus quantitas absoluta quae ab utrisque oritur. Sic pressionis intensio est ut eadem superficiei quantitas magis prematur, extensio ut major superficies prematur, et absoluta quantitas quae resultat ab intensione pressionis et quantitate superficiei pressae. Sic denique gravitatis quantitas est quae resultat ex gravitate specifica et mole cam, extensio est ut corpus grave sit majus, et absolute loquendo gravitatis quantitas est quae relustat ex gravitate specifica et mole corporis gravitantis. Et haec quisquis non clare distinguit, ut in plurimos errores circa scientias mechanicas incidat necesse est.

Potest insuper quantitas harum potestatum secundum durationis intervallum nonnunquam aestimari : qua quidem ratione quantitas absoluta erit quae ex omnibus intensione extensione ac duratione componitur. Quemadmodum si corpus 2 velocitate 3 per tempus 4 movetur : totus motus erit 2 × 3 × 4, sive 12.

Def. 14. Velocitas est motus intensio, ac tarditas remissio ejus.

Def. 15. Corpora densiora sunt quorum intensior est inertia, et rariora quorum est remissior.

Caeteris praefatarum potestatum speciebus desunt nomina.

Est autem notandum, si cum Cartesio vel Epicuro rarifactionem et condensationem per modum spongiae relaxatae vel compressae, hoc est per pororum sive materia aliqua subtilissima plenorum sive vacuorum dilatationem et contractionem fieri supponimus, quod totius corporis magnitudinem ex quantitate tum partium ejus tum pororum in hac def 15 aestimare debemus ; ut inertia per augmentationem pororum remitti concipiatur et per diminutionem intendi ;

par l'augmentation des pores et augmentée par leur diminution ; comme si les pores jouaient le rôle de parties qui n'ont aucune inertie pour changer et que les différents degrés d'inertie du tout résultaient du mélange de ces parties avec les parties véritablement corporelles.

Mais, pour que vous puissiez concevoir ce composé comme un corps uniforme, imaginez que ses parties sont infiniment divisées et dispersées partout à travers ses pores, de sorte que dans le composé tout entier il n'y a pas la moindre particule d'étendue où il n'y ait pas de mélange absolument parfait de parties et de pores ainsi divisées à l'infini. Assurément c'est à la lumière de ce raisonnement qu'il est convenable pour les Mathématiciens de considérer [les corps] ; ou, si l'on préfère, à la manière des Péripatéticiens : même si, en Physique, le problème semble se poser autrement.

* *Définition 17.* Un corps dur est un corps dont les parties ne cèdent à aucune pression, l'une par rapport à l'autre.

Définition 18. Un corps fluide est un corps dont les parties cèdent à une pression forte, l'une par rapport à l'autre **.

Définition 19. Le contenant d'un fluide est la limite en laquelle est comprise soit la surface du corps — de bois ou de verre par exemple — qui contient ce fluide, soit la surface d'une partie extérieure dudit fluide qui contient une partie inférieure.

Dans ces définitions cependant, je ne me réfère qu'aux corps absolument durs ou aux fluides, car l'on ne peut raisonner mathématiquement sur des corps de nature intermédiaire, à cause des innombrables particularités qui tiennent aux figures, aux mouvements et à la texture des plus petites particules. C'est pourquoi, je suppose non qu'un fluide est constitué de particules dures mais qu'il est de nature telle qu'il n'ait aucune petite portion ou particule qui ne soit également fluide. En outre, puisque l'on ne doit pas considérer ici la cause physique de la fluidité, je définis les parties comme étant non mûes entre elles mais seulement mobiles, c'est-à-dire étant séparées

* *Définition 16.* Un corps élastique est un corps qui peut être condensé par une force de pression ou être comprimé à l'intérieur d'un espace plus étroit ; et le corps non élastique est un corps qui ne peut pas être condensé par cette force.

** D'ailleurs, les pressions par lesquelles un fluide est pressé depuis toutes les directions possibles (que ces pressions s'exercent seulement sur la face externe ou sur les parties internes au moyen de la gravité ou d'une autre cause) sont dites « équipollentes » puisqu'elles contribuent à conserver l'équilibre du fluide. Ce principe étant posé, si la pression s'exerce dans une seule direction et non pas dans toutes les directions à la fois, le fluide est déplacé dans cette direction.

tanquam si pori rationem partium haberent quibus nulla inest ad mutationes subeundas inertia, et quarum mistura cum partibus vere corporeis oriuntur totius varij gradus inertiae.

Ast quo compositum hocce tanquam corpus uniforme concipias, finge partes ejus infinite divisas esse, et per poros passim dispersas, ut in toto Composito ne minima quidem sit extensionis particula in qua non sit partium et pororum sic infinite divisorum mistura perfectissima. Scilicet hac ratione convenit Mathematicos contemplari ; aut si malueris, pro more Peripateticorum : etsi in Physica res aliter se habere videtur.

* Def. 17. Corpus durum est cujus partes inter se nulli pressioni cedunt.

Def. 18. Fluidum est cujus partes inter se praepollenti pressioni cedunt **.

Def. 19. Vas fluidi est limes quo continetur sive superficies corporis ambientis, ut ligni, vitri, vel partis exterioris ejusdem fluidi continentis partem aliquam interiorem.

In hisce autem definitionibus ad corpora absolute dura fluidave solummodo respecto, nam circa mediocria propter innumeras in minutissimarum particularum figuris motibus et contextura circumstantias non licet mathematice ratiocinari. Fingo itaque fluidum non ex duris particulis constare sed ejusmodi esse ut nullam habeat portiunculam particulamve quae non sit similiter fluida. Et praeterea cum causa physica fluiditatis hic non spectatur, partes inter se non motas esse sed mobiles tantum definio, hoc est ita ab invicem ubique

* Def. 16. Corpus elasticum est quod vi pressionis condensari sive intra spatij angustioris limites cohiberi potest : et non elasticum quod vi ista condensari nequit.

** Caeterum pressiones quibus fluidum versus omnes quaquaversum plagas urgetur, (sive in externam tantum superficiem exerceantur, sive in internas partes medianti gravitate vel alia quavis causa) dicuntur aequipollere cum efficiunt ut stet in aequilibrio. Quo posito, si pressio versus aliquam plagam et non versus alias omnes simul intendatur.

les unes des autres partout de telle sorte que bien qu'elles soient supposées se toucher mutuellement et en repos relatif entre elles, elles ne cohèrent pas comme si elles étaient agglutinées ensemble ; mais elle peuvent à nouveau se mouvoir séparément (sous l'action d'une force imprimée) *. En vérité, je suppose que les parties des corps durs sont non seulement contiguës et en repos relatif entre elles mais en outre tellement étroitement et solidement cohérentes et comme liées par de la glu, qu'aucune d'elles ne peut se mouvoir sans entraîner toutes les autres : ou plutôt [je suppose] qu'un corps dur est non pas fait de parties agglomérées mais qu'il forme un seul corps, indivisible, uniforme et conservant très fermement sa figure ; quant au fluide, je le suppose uniformément divisé en tout point.

Ainsi, j'ai adapté ces définitions non pas aux objets physiques mais au raisonnement mathématique, à la manière des géomètres qui n'accommodent pas les définitions des figures aux irrégularités des corps physiques. Et, de même que les dimensions des corps physiques sont excellemment déterminées par leur Géométrie (comme la mesure d'un champ tirée de la Géométrie plane, alors qu'un champ n'est pas véritablement plan ; ou la mesure du Globe terrestre tirée de la théorie de la sphère, alors que la Terre n'est pas exactement un globe) ; de même, les propriétés des fluides ou des solides physiques sont très bien connues par cette doctrine mathématique, alors qu'ils ne sont peut-être pas aussi, absolument et uniformément fluides ou solides que je les ai définis ici.

Axiomes

1. Des mêmes principes découlent les mêmes conséquences.

2. Les corps qui se touchent exercent les uns sur les autres une pression égale.

Propositions sur le fluide non élastique

Proposition 1

Toutes les parties d'un fluide qui ne gravite pas et qui est comprimé partout et en tous sens par la même intensité, exercent les unes sur les autres une pression totale (ou de même intensité).

Proposition 2

La compression ne produit pas de mouvement relatif des parties.

* Et changer leur état de repos pas plus difficilement que leur état de mouvement, quand elles se meuvent entre elles.

divisas esse, ut quamvis se mutuo contingere et inter se quiescere fingantur tamen non coharent quasi conglutinatae, sed a vi qualibet impressa seorsim moveri possunt ***. Durorum vero partes non tantum sese contingere et inter se quiescere sed insuper tam arcte et firmiter cohaerere et quasi glutino aligari suppono ut nulla moveri potest quin caeteras omnes secum rapiat : vel potius durum corpus non ex partibus conglomeratis conflari, sed esse unicum indivisum et uniforme corpus quod figuram firmissime conservat, fluidum vero in omni puncto uniformiter divisum esse.

Atque ita definitiones hasce non ad res physicas sed mathematica ratiocinia accomodavi, sicut Geometrae definitiones figurarum non accommodant ad irregularitates physicorum corporum. Et quemadmodum dimensiones corporum physicorum ab illorum Geometria optime determinantur (ut agri dimensio a Geometria plana etsi ager non sit revera planus, vel Globi terrestris dimensio a doctrina de globo etsi Terra non sit praecise globus) sic fluidorum, solidorumve physicorum proprietates optime a doctrina hacce Mathematica noscentur, etsi forte nec sint absolute nec uniformiter fluida solidave prout hic definivi.

Axiomata

1. Ex paribus positis paria consectantur.

2. Contingentia corpora se mutuo aequaliter premunt.

Propositiones de Fluido non Elastico

Propositio 1

Fluidi non gravitantis eadem intensione quaquaversus compressi, partes omnes se muto aequaliter (sive aequali intensione) premunt.

Propositio 2

Et compressio non efficit motum partium inter se.

*** Et statum quietis non difficilius mutare quam statum motus si inter se moverent.

Démonstration de ces deux propositions

Supposons tout d'abord que le fluide soit contenu dans une limite sphérique AB de centre K et qu'il soit uniformément comprimé ; C G E H en est une petite portion quelconque délimitée par deux surfaces sphériques, C D et E F, décrites autour du même centre K et par la surface conique G K H de sommet K.

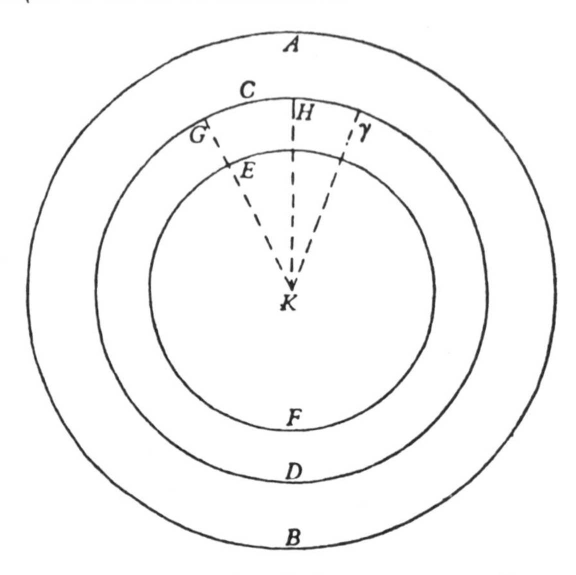

Il est évident que cette portion C G E H ne peut d'aucune manière s'approcher du centre K puisque toute la matière [comprise] entre les surfaces sphériques C D et E F s'approcherait [a] de toutes parts du même centre pour la même raison et qu'elle franchirait [b] ainsi les limites du fluide contenu à l'intérieur de la sphère E F. Il ne se peut pas non plus que C G E H s'éloigne d'un point de l'espace vers la circonférence A B puisque, pour la même raison, tout l'orbe fluide compris entre les survaces C D et E F s'éloignerait également [a] et franchirait ainsi les [b] limites du fluide compris entre les surfaces sphériques A B et C D. Il ne se peut pas non plus que C G E H soit comprimé sur le côté, par exemple du côté de H, puisque, si nous concevons une autre petite portion Hγ, contiguë à G H en H et délimitée de tous côtés, par les mêmes surfaces sphériques et une surface conique semblable, cette portion Hγ sera comprimée [a] sur le côté en H pour les mêmes raisons ; et ainsi, il y aurait une pénétration [b] des

a. Axiome 1. b. Contre la définition.

Utriusque Demonstratio

Ponamus imprimis fluidum a sphaerico limite AB cujus centrum K contineri et uniformiter comprimi, ejusque portiunculam quamvis CGEH a duabus sphaericis superficiebus CD et EF circa idem centrum K descriptis, una cum conica superficie GKH cujus vertex est ad K terminatam esse. Et manifestum est quod illa CGEH non

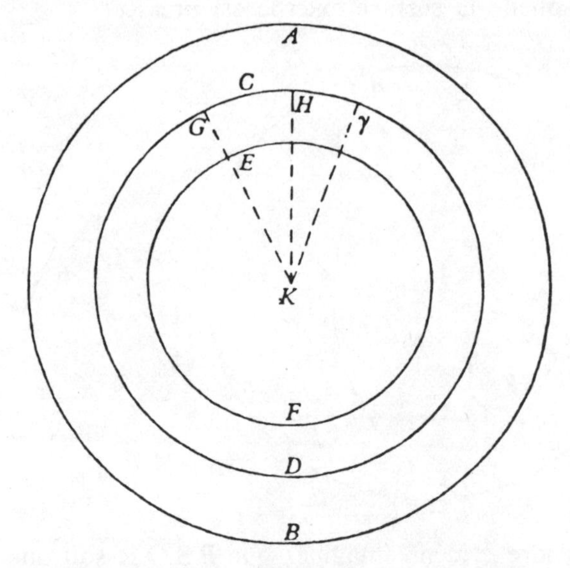

potest ad centrum K ullatenus accedere, quia propter eandem rationem tota materia inter sphaericas superficies CD et EF undique ad idem centrum accederet [a], adeoque dimensiones fluidi intra sphaeram EF contenti penetraret [b]. Neque potest ex aliqua parte versus circumferentiam A recederet quia propter eandem rationem tota illa orbita fluida inter superficies CD et EF interjecta pariter recederet [a], atque adeo dimensiones fluidi inter sphaericas superficies AB et CD contenti penetraret [b]. Neque potest ad latera puta versus H exprimi, quoniam si aliam portiunculam Hy ab ijsdem sphaericis superficiebus et consimili superficie conica quaquaversus terminatam, et huic GH in H contiguam esse subintelligamus : illa Hy propter eandem

a. Ax I b. contra Def

limites par le fait que les parties contiguës s'approcheraient l'une de l'autre. Il est donc établi qu'aucune portion du fluide si petite soit-elle ne peut sortir de ses limites sous l'effet d'une pression. Et par suite toutes les parties de ce fluide resteront en équilibre. Ce que j'ai voulu montrer en premier lieu.

Je dis en outre que toutes les parties exerceront une pression égale les unes sur les autres et ce, avec la même intensité de pression que celle avec laquelle la surface externe est pressée.

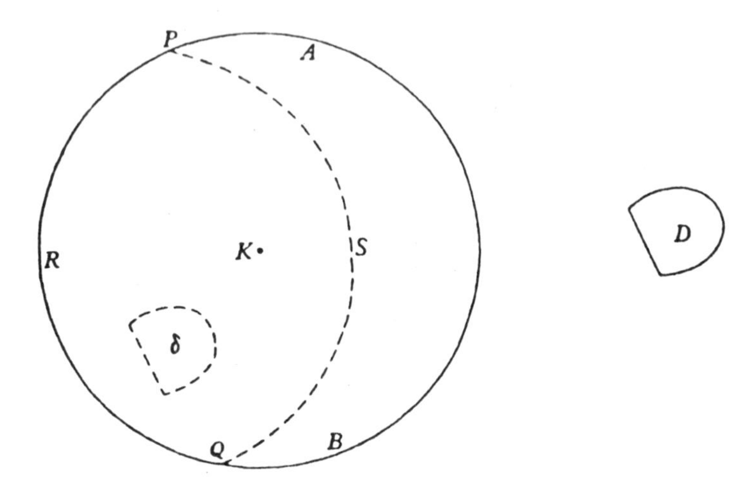

Pour le rendre évident, imaginez que P S Q R soit une partie du fluide susdit A B, délimitée par les mêmes segments P R Q et P S Q des surfaces sphériques : la compression [de P S Q R] sur la surface interne P S Q sera aussi forte que sur la surface externe P R G. En effet, je viens de montrer que cette partie de fluide reste en équilibre ; et ainsi les effets des pressions [de P S Q R] sur l'une et l'autre surfaces sont les mêmes et par suite les pressions le sont aussi [(c), (d)].

C'est pourquoi, puisque des surfaces sphériques – telle P S Q – peuvent être disposées de n'importe quelle façon dans le fluide A B et qu'elles peuvent en n'importe quel point être en contact avec d'autres surfaces données quelconques, l'intensité de la pression des parties sur ces surfaces – qu'elle qu'en soit la disposition – est donc aussi forte que celle qui presse le fluide sur sa surface externe. Ce que j'ai voulu démontrer en second lieu.

c. Ax.

d. Définition.

rationem ad latera versus H exprimetur [a], adeoque mutuo contiguarum partium accessu fieret penetratio dimensionum [b]. Constat itaque de qualibet fluidi portiuncula CGEH quod suis limitibus propter pressionem excedere nequit. Et proinde partes omnes in aequilibrio stabunt. Quod volui primo ostendere.

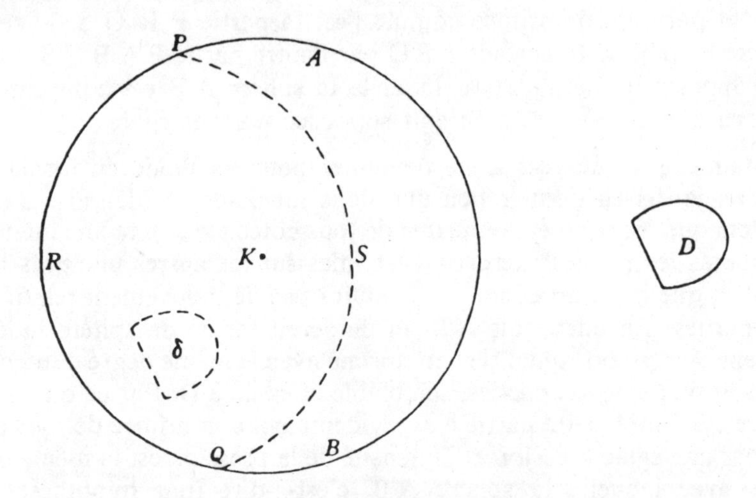

Dico praeterea quod partes omnes se mutuo aequaliter premunt, idque eadem pressionis intensione qua superficies externa premitur. Quod ut pateat concipe PSQR esse praefati fluidi AB partem a similibus sphaericarum superficierum segmentis PRQ et PSQ contentam et compressiō ejus juxta internam superficiem PSQ tanta erit ac juxta externam PRQ.

Hanc enim fluidi partem in aequilibrio stare jam ostendi, adeoque pares sunt pressionum ejus juxta utramque superficiem effectus, et inde pares pressiones [c d].

Cum itaque sphaericae superficies, qualis est PSQ possint omnifariam in fluido AB disponi, et alias quascunque datas superficies in quibuslibet punctis contingere, sequitur quod pressionis partium juxta superficies utcumque positas tanta est intensio quanta fluidum in externa superficie premitur. Quod volui secundo ostendere.

c. Ax d. Def

Du reste, comme la force de cette argumentation s'appuie sur l'identité des surfaces P R Q et P S Q, afin qu'il ne semble pas y avoir de disparité venant du fait que l'une est à l'intérieur du fluide et que l'autre est un segment de la surface externe du fluide : il sera utile de concevoir toute la sphère A B comme une partie d'un [volume] indéfiniment plus grand de fluide où la sphère est contenue comme en un vase et partout comprimée comme l'est la partie P R Q S de cette sphère le long de la surface P S Q par l'autre partie P A B Q S. Car, peu importe la méthode par laquelle la sphère A B est comprimée, pourvu que sa compression soit supposée partout égale.

Maintenant que ceci a été démontré pour un fluide en forme de sphère, je dis en dernier lieu que dans un fluide D (délimité d'une quelconque manière et comprimé de tous côtés avec la même intensité) toutes les parties exerceront les unes sur les autres une pression égale et que la compression ne produira pas de mouvement relatif de ses parties. En effet, soit A B un fluide en forme de sphère indéfiniment plus grand [que D] et comprimé avec le même degré d'intensité ; soit δ une de ses parties, semblable et égale à D. Par ce qui vient d'être démontré, cette partie δ est évidemment comprimée de tous côtés par une égale pression et l'intensité de la pression est la même que celle avec laquelle la sphère A B, c'est-à-dire (par hypothèse) le fluide D, est pressée. C'est pourquoi, la compression des fluides D et δ semblables et égaux est la même, et par conséquent leurs effets le seront [a] aussi. Or, dans la sphère A B [b] et donc dans le fluide δ contenu en celle-ci, toutes les parties exerceront les unes sur les autres une pression égale et la pression ne produira pas de mouvement relatif des parties [de cette sphère]. C'est pourquoi, cela est vrai [a] aussi du fluide D. – C.Q.F.D.

Corollaire 1. Dans un fluide les parties internes se pressent les unes sur les autres avec la même intensité que celle avec laquelle le fluide est pressé à sa surface externe.

Corollaire 2. Si l'intensité de la pression n'est pas partout la même, le fluide ne restera pas en équilibre. Car, puisqu'il reste en équilibre sous l'effet d'une pression partout uniforme, si la pression augmente quelque part, elle l'emportera en cet endroit et fera que le fluide s'éloigne de ces parties [c].

a. Ax.

b. Selon ce qui vient d'être démontré.

c. Def.

Caeterum cum hujus argumentationis vis in paritate superficierum PRQ et PSQ fundatur, ne disparitas esse videatur quod altera sit intra fluidum et altera segmentum externae superficiei : juvabit effingere sphaeram integram AB esse partem fluidi indefinite majoris, in quo tanquam vase continetur et undique non secus comprimitur quam pars ejus PRQS juxta superficiem PSQ premitur ab altera parte PABQS. Nam nihil interest qua methodo sphaera AB comprimitur, dummodo compressio ejus undique statuatur aequabilis.

His de sphaerico fluido ostensis ; dico denique quod fluidi D quocunque modo terminati et eadem intensione quaquaversum compressi, partes omnes se mutuo aequaliter prement et compressio non efficiet motum partium inter se. Sit enim AB fluidum sphaericum indefinite majus et eodem intensionis gradu compressum : sitque ejus pars aliqua huic D similis et aequalis. Jam e demonstratis patet hanc partem aequabili intensione quaquaversum comprimi et pressionis intensionem eandem esse qua sphaera AB, hoc est (ex hypothesi) qua fluidum D comprimitur. Par itaque est similium et aequalium fluidorum D ac compressio et proinde pares erunt effectus [a]. At sphaerae AB [b], adeoque fluidi in ea contenti partes omnes se mutuo aequaliter prement, pressioque non efficiet motum partium inter se ; Quare et idem de fluido D verum est [a] Q.E.D.

Cor. 1. Fluidi partes internae eadem intensione se mutuo premunt qua fluidum premitur in externa superficie.

Cor. 2. Si non eadem sit undique pressionis intensio, fluidum non stabit in aequilibrio. Nam cum stet in aequilibrio propter pressionem undique uniformem, si pressio alicubi augeatur, ibi praepollebit, efficietque ut fluidum ab istis partibus recedat [c].

a. Ax

b. Secundum jam demonstrata

c. Def

Corollaire 3. Si aucun mouvement n'est produit dans un fluide par pression, c'est que l'intensité de cette pression est partout la même. Car, si elle n'est pas la même, la pression prédominante produira un [(d)] mouvement [1].

Corollaire 4. La pression exercée sur un fluide par ses propres limites a une intensité aussi forte que celle qu'il exerce à son tour sur ses limites et réciproquement. En effet, puisque les parties du fluide sont bien les limites des parties contiguës et exercent les unes sur les autres une pression d'égale intensité ; imaginez que le fluide proposé soit une partie d'un plus grand fluide ou qu'il soit semblable et égal à une telle partie et comprimé de la même manière : notre affirmation en deviendra évidente [(a)].

Corollaire 5. Un fluide presse partout toutes ses limites, pourvu qu'elles puissent résister à la pression appliquée avec une intensité aussi grande que celle avec laquelle lui-même est comprimé en un point quelconque. Car, sinon, il ne serait pas comprimé partout avec la même [(b)] intensité. Cela étant admis, ce fluide cédera à une pression [(c)] plus intense. Ainsi, ou il sera condensé ou [(d)] il l'emportera au contraire sur les limites, là où la pression est moindre.

Scholie. Si j'ai présenté toutes ces propositions sur un fluide en le considérant non pas comme contenu en un vase dur et rigide mais en des limites souples et tout à fait flexibles (telle la surface interne d'un fluide homogène extérieur) : c'est pour montrer plus clairement que son équilibre ne résulte que de ce que la pression a partout le même degré. Mais, puisque le fluide a atteint son équilibre sous l'effet d'une pression égale, peu importe qu'on le conçoive contenu en des limites rigides ou souples.

1. Newton a supprimé ici un *Corollaire* 4 : « Lorsque toutes les parties d'un fluide également comprimé exercent les unes sur les autres une pression égale, alors, si le fluide est uniformément élastique, toutes ses parties seront également condensées.

d. Cor 2.

a. Ax

b. Corollaire 4.

c. Corollaire 2.

d. Contre l'hypothèse.

Cor. 3. Si motus in fluido pressione non causatur eadem est undique pressionis intensio. Nam si non sit eadem, motus a praepollenti pressione causabitur [d].

Cor. 4. Quanta intensione fluidum a limitibus ejus premitur, tanta limites vicissim premit ; et e contra. Quippe cum partes fluidi sint partium contiguarum limites et se mutuo aequali intensione premant ; concipe propositum fluidum esse partem majoris fluidi, vel tali parti simile et aequale et similiter compressum, et constabit assertio [a].

Cor. 5. Fluidum omnes ejus limites, si modo illatam pressionem sustinere valeant, tanta intensione ubique premit, quanta ipsum in quovis loco premitur. Nam alias non ubique premitur eadem intensione [b]. Quo posito cedet intensiori pressioni [c]. Adeoque vel condensabitur, vel contra limites ubi minor est pressio praevalebit [d].

Schol : Haec omnia de Fluido proposui, non quatenus duro et rigido vase, sed lento et admodum flexibili termino, (puta fluidi exterioris homogenei interna superficie) continetur : eo ut aequilibrium ejus a solo pressionis gradu quaquaversus aequabili causari clarius ostenderem. Sed postquam fluidum in aequilibrio per aequabilem pressionem constituitur, perinde est sive rigido termino sive lento contineri fingas.

d. Cor 2

a. Ax

b. Cor 4

c. Cor 2

d. Contra Hypoth.

ÉTUDE CRITIQUE
ET ÉPISTÉMOLOGIQUE

Le texte est introduit par des considérations de méthode qu'on retrouve dans le *proemium* du Livre 3 [12] des *Principia mathematica.* Sans doute, faut-il voir dans la mise en œuvre d'une méthode double pour traiter de ce qui sera appelé plus tard *mechanica rationalis* [13], à la fois la marque de la filiation du jeune auteur avec les mathématiciens de son époque et le témoignage d'une transformation de cette tradition à d'autres fins.

En effet, l'intérêt pour les mathématiques grecques est grand à Cambridge à cette époque, comme en témoigne notamment l'enseignement du célèbre Isaac Barrow, professeur de mathématiques de Newton : parmi ses travaux, figure par exemple la traduction des *Éléments* d'Euclide [14]. Or, les propositions euclidiennes sont parfois assorties de scholies explicatifs, telles aux propositions XCI ou CXVII [15] du Livre X des *Éléments.*

12. Nous renvoyons le lecteur à notre étude des Principia : « Les Principia de Newton. Genèse et structure des chapitres fondamentaux avec traduction nouvelle », 1982, édition du C.N.R.S., cahiers d'histoire et de philosophie des sciences, pp. 133 à 138. Une seconde édition est en cours chez Christian Bourgois.

13. *Idem,* Préface à la première édition, p. 14.

14. *Barrow* publia des traductions d'Euclide et d'Archimède. Mais, Newton lui-même traduisit en anglais et démontra les 10 premières Propositions du Livre 2 des *Éléments* (Manuscrit *Add 3959, Catalogue of Portsmouth, The first ten Propositions of the 2nd Book of Euclid, succintly enunciated and demonstrated).*

15. Les Éléments d'Euclide, in Œuvres d'Euclide, traduction Peyrard, Blanchard, 1966, pp. 356, 357, et 394, 395.

Mais, Newton confère ici au scholie une autre finalité que ses célèbres prédécesseurs. Il ne s'agit plus de produire en ce lieu un autre mode de démonstration ou les implications des propositions. La distinction scholie-proposition illustre désormais celle entre le « mathématique » et le « physique ». Mais, elle reste, en tant que telle, à l'état de projet en ce texte, puisque deux seules propositions scientifiques sont énoncées. L'unique Scholie qui les accompagne ne fait que compléter les explications produites, sans référence aucune à de quelconques expériences.

Ainsi, à travers cette méthode se fait jour la fameuse conception théorique de la mécanique newtonienne avec ses forces et ses faiblesses, celle-là même qui fut soutenue en 1687 : la science de la gravitation doit être d'abord « démontrée strictement » à la manière des géomètres et pour ce faire « le plus possible » abstraite de toute considération physique, puis illustrée à l'aide d'expériences.

Toutefois, si l'on ne sollicite pas davantage le texte, on pourrait être tenté de croire à l'arbitraire de la démarche ici proposée. En effet, on ôte les « considérations physiques » pour pouvoir travailler en géomètre sur les corps et leurs états puis on les rappelle pour pouvoir appliquer ces propos strictement géométriques aux phénomènes de la philosophie naturelle. Or, il serait à démontrer que s'ils s'y appliquent, ce n'est pas parce que l'opération de tri n'a jamais été radicalement effectuée. Autrement dit, la distinction newtonienne entre le « mathématique » et le « physique » ne confinerait-elle pas au cercle vicieux ?

Mais regardons de près le texte. Newton dit très précisément : il est juste de faire *le plus possible* abstraction de toute considération physique et non pas d'en faire *radicalement* abstraction. Autrement dit, toute la difficulté posée par l'interprétation de cette double méthode consiste à identifier les limites de l'opération d'abstraction et le sens de ces limites. Or, seule la mise en œuvre de cette méthode dans les définitions et propositions qui suivent pourra nous éclairer à ce sujet. Nous aurons donc l'occasion d'y revenir très fréquemment dans l'étude du texte.

Le plan du texte est simple. L'auteur énonce les définitions et axiomes sur lesquels reposent la « science de la gravitation » et — pour faire bref — l'« hydrostatique ». Deux propositions de cette deuxième science dépendant d'axiomes, sont énoncées. Aucune ne l'est en ce qui concerne la « science de la gravitation ».

I. Les définitions

Pas plus qu'en 1687 dans les *Principia Mathematica*, le temps ni l'espace ne sont inscrits parmi les mots à définir. Mais, tandis qu'en cette œuvre-là, un *Scholie* vient préciser la portée et l'utilité de ses concepts pour des mathématiciens, dans le *De Gravitatione*, la très longue « note » explicative fait saillir les motivations qui ont présidé tant au choix de ces concepts et de ceux de lieu et de corps qu'à l'abandon de leurs contradictoires cartésiens. Dès lors, il devient possible grâce à cette note de situer le contexte de pensée auquel, implicitement ou explicitement, Newton s'intègre en même temps que celui auquel il s'oppose. Il devient possible d'identifier la « généalogie » des concepts newtoniens de temps, d'espace, de mouvement, de corps : ce que les seules références aux textes publiés dont les *Principia mathematica* ou même la correspondance interdisaient de faire jusqu'à présent.

Mais, si le temps et l'espace ne font pas partie des définitions mêmes dans le *De Gravitatione*, le lieu et le mouvement y sont inscrits alors qu'ils sont rejetés dans le Scholie des définitions en 1687. D'une manière générale, d'ailleurs, les définitions [16] sont beaucoup plus nombreuses dans le *De Gravitatione* qu'en 1687 : le manque de concision traduit là sans doute une maturité insuffisante de l'auteur à l'égard de la structure de la science à fonder. Un tableau de comparaison entre les définitions de 1668-1665 et celles de 1687 permet d'en juger immédiatement.

De Gravitatione (1662-1665)	Principia (1687-1713-1727)
Définition 1 : le lieu	Définition 1 : la quantité de matière
Définition 2 : le corps	Définition 2 : la quantité de mouvement
Définition 3 : le repos	Définition 3 : la *vis insita*

16. Dans les différentes versions du *De Motu*, ces définitions se complètent progressivement (*cf. Mathematical Papers, Whiteside, Volume* 6).

Définition 4 : le mouvement	Définition 4 : la *vis impressa*
Définition 5 : la force	Définition 5 : la force centripète
Définition 6 : le *conatus*	Définition 6 : sa quantité absolue
Définition 7 : l'*impetus*	Définition 7 : sa quantité accélératrice
Définition 8 : l'inertie	Définition 8 : sa quantité motrice
Définition 9 : la pression	
Définition 10 : la gravité	
Définition 11 : l'intensité d'une force	
Définition 12 : son étendue	
Définition 13 : sa quantité absolue	
Définition 14 : la vitesse	
Définition 15 : la densité	
Définition 16 : le corps élastique	
Définition 17 : le corps dur	
Définition 18 : le corps fluide	
Définition 19 : le contenant d'un fluide	
	Scholie : 1) le temps 2) l'espace 3) le lieu 4) le mouvement

I.1. *Les quatres premières définitions et la « note explicative » :*

I.1.1. Comme dans les *Principia* cartésiens de 1644, les définitions de lieu et de corps précèdent celles de repos et mouvement mais y sont radicalement opposées quant à leur contenu.

En effet, selon Newton, le corps n'est pas mais remplit le lieu où il se trouve contrairement à ce que soutient Descartes [17] à l'article 10 de la seconde partie des *Principes* :

> « L'espace, ou le lieu intérieur et le corps qui est compris en cet espace ne sont différents, ... que par notre pensée, écrit celui-ci. Car ... la même étendue en longueur, largeur et profondeur qui constitue l'espace, constitue le corps ; et la différence qui est entr'-eux ne consiste qu'en ce que nous attribuons au corps une étendue particulière, que nous concevons *changer de place* avec lui toutes fois et quantes qu'il est *transporté,* et que nous en attribuons à l'espace une si générale et si vague, qu'après avoir ôté d'un certain espace, le corps qui l'occupait, nous ne pensons pas avoir aussi *transporté* l'étendue de cet espace, à cause qu'il nous semble que la même étendue y demeure toujours, pendant qu'il est de même grandeur, de même figure, et qu'il n'a point changé de situation au regard des corps de dehors par lesquels nous le déterminons ».

L'identification cartésienne du lieu et du corps contraint à accepter l'idée que les limites des corps peuvent se pénétrer mutuellement, comme Aristote lui-même l'a souligné dans la *Physique* [18]. Mais, si les corps ne sont plus impénétrables, ils n'ont pas davantage d'existence déterminée et leurs mouvements ne sont plus identifiables puisqu'en changeant de lieu, ils emportent leurs lieux avec eux. S'il y a impénétrabilité, au contraire, chaque corps est en un lieu de telle sorte qu'aucun autre ne peut y être en même temps que lui : il le « remplit » à l'exclusion de tout autre et ne cède la place à un autre corps qu'en « changeant de lieu », soit en sortant de ce lieu pour aller en un autre. Le ton anti-cartésien est ainsi donné d'entrée de jeu.

Ceci dit, lorsque Newton prétend au début de la Note suivante, considérer le corps non comme « substance physique dotée de quali-

17. Descartes. *Principia Philosophiae,* 1644, ed. Adam et Tannery, tome IX-2, p. 68.

18. *Physique, Livre* IV, 209a. « Il est impossible que le lieu soit corps, car il y aurait ensemble deux corps » p. 125, trad. Carteron, les Belles Lettres, 1973. ('Αδύνατον δὲ οῶμα εἶναι τὸν τόπον· ἐν ταὐτῷ γὰρ ἂν εἴη δύο σώματα).

tés sensibles, mais seulement en tant qu'étendu, mobile et impénétrable », il semble se contredire. En effet, comment sait-on qu'un corps est impénétrable sinon parce que ses limites résistent au toucher sensible ? Tel est d'ailleurs le sens de la remarque que Descartes fait à More [19] :

> « Votre difficulté est sur la définition du corps que j'appelle une substance étendue et que vous aimeriez mieux nommer une substance sensible, tactile ou impénétrable ; mais prenez garde, s'il vous plaît, qu'en disant une substance sensible, vous ne la définissiez que par le rapport qu'elle a à nos sens... ».

Toutefois, la contradiction n'est, semble-t-il, qu'apparente ici. Les définitions 6 et 9 relatives au *conatus* et à la pression permettent de restituer au propos newtonien sa cohérence. En effet, si Newton écarte de l'objet de la science mécanique des substances physiques dotées de qualités sensibles, c'est parce que ces qualités mêmes échappent à toute mesure, parce que trop disparates. Tout se passe donc comme si, implicitement, l'auteur distinguait un sensible chaotique, ne pouvant pas tomber sous le coup des mesures expérimentales d'un sensible accédant à ces mesures mêmes et pouvant faire l'objet de concepts scientifiques. Ainsi, un corps impénétrable est tel que la pression ou la force que ses parties intimes exercent pour se pénétrer mutuellement est nulle. Or, la pression comme force est un concept tiré de l'expérience. Des remarques incidentes de Newton sur les hypothèses de travail du *physicien* (au sens moderne de ce terme) nous confortent en cette interprétation. Ainsi, à la fin du texte, écrit-il [20] : « j'ai adapté ces définitions non pas aux objets physiques mais au raisonnement mathématique, à la manière des géomètres qui n'accommodent pas les définitions des figures aux irrégularités des corps physiques ». Par où, disons-le en passant, l'idée d'une double méthode s'éclaire un peu : faire abstraction *le plus possible* de considération physique, c'est non pas écarter ce qui caractérise les corps physiques et les distingue des entités mathématiques, mais écarter ce qui particularise ces corps au point d'en interdire toute étude mathématique.

C'est donc à l'aune d'autres critères que ceux des « Philosophes », soit des cartésiens, que Newton propose de faire abstraction des qualités sensibles des corps afin de pouvoir prendre les corps pour objets

19. *Correspondance Morus-Descartes*, trad. G. Lewis, Vrin, 1953. Lettre du 5 février 1649, p. 111.

20. *Cf.* p. 74 de ce livre.

d'étude. Cette différence de sources d'inspiration d'identiques principes de travail est d'ailleurs très nettement rappelée dans cette parenthèse : « ([des qualités sensibles] les Philosophes doivent *aussi*[21] faire abstraction, sauf erreur de ma part et ils doivent les attribuer à l'esprit comme si [elles] étaient différents modes de penser suscités par les mouvements des corps) ».

Cela étant, la précision de vocabulaire produite à propos du mouvement, n'est pas immédiatement évidente. En effet, que le changement, le passage, la translation, la migration soient pris pour synonymes de « mouvement », pourrait passer en première lecture pour une remarque purement nominale. On peut cependant penser que, puisqu'il est question de définir le mouvement local et non le mouvement selon la génération, la *trans-lation* exprime mieux que les autres termes, par le radical *trans,* la présence d'un repère (l'espace) le long duquel une chose — tel un corps — distincte de ce repère glisse *(latio).*

Il reste que Newton n'entend pas prendre le contrepied des positions cartésiennes en physique de manière arbitraire : il entend avant tout administrer la preuve de leur inconsistance.

Dès lors, l'argumentation critique se développe de la manière suivante. La doctrine cartésienne est d'abord concentrée en trois points principaux dont sont ensuite dégagées des conséquences absurdes :

> Le mouvement propre est *unique* pour chaque corps, ce mouvement n'étant que la translation d'un corps à partir des corps voisins considérés comme en repos.
>
> Tout corps mû en propre est non pas seulement une particule ou un composé de particules matérielles, mais « tout ce qui est transporté ensemble ».
>
> Plusieurs mouvements appartiennent à un même corps mais ce ne sont que des mouvements apparents, le mouvement apparent étant le « transport d'un corps d'un lieu à un autre ».

I.1.2. L'organisation même de la « doctrine » de 1644 montre clairement les cibles visées : l'unicité du mouvement propre, la multiplicité des mouvements apparents et, par implication, la définition du mouvement vrai.

21. C'est nous qui soulignons.

Les articles cartésiens cités montrent aussi que l'analyse de la « doctrine » susdite a pour fin d'ausculter sérieusement le système du monde, exposé aux 3e et 4e Parties des *Principes*. Toutefois, si globalement l'abrégé de la doctrine cartésienne du mouvement est correct, la notion cartésienne de « lieu », présentée comme étant elle aussi double, au même titre que le « mouvement » souffre de quelques ambiguïtés. En effet, le « lieu » [22] cartésien présente une structure beaucoup plus complexe que celle dégagée par Newton ici. Les différents sens qui lui sont assignés en 1644 correspondent au « lieu intérieur » (articles 10 à 12) et au « lieu extérieur » (articles 13 et 15). Or, il semble ici que cette différence n'ait pas été retenue puisque ne sont cités que les articles cartésiens concernant les définitions du « lieu extérieur ». Rappelons la démarche suivie par Descartes aux articles 10 à 15, pour plus de clarté. L'espace, le lieu intérieur et le corps sont *véritablement* identiques les uns aux autres (articles 10 et 11). Mais, dans la « façon de penser », l'espace ou le lieu diffèrent du corps en tant que les deux premiers signifient plutôt la grandeur, la figure et la situation d'un corps par rapport aux autres corps (articles 12 et 13) : de ce point de vue, le lieu est conçu comme « lieu extérieur ». Du point de vue du nom, maintenant, l'« espace » et le « lieu » diffèrent en ce que le premier désigne plutôt la « grandeur » et la « figure » et le second, la « situation » seulement (article 14). Enfin, on peut relever un autre usage de la dénomination de « lieu extérieur » : celui de « superficie qui environne immédiatement la chose qui est placée » (article 15).

Ainsi [23], le sens *véritable* du lieu selon Descartes correspond au « lieu intérieur » ou « espace » ou « corps ». Le « lieu extérieur » est une dénomination extrinsèque qui peut s'entendre en plusieurs sens :

22. *Op. Cit.* Art. 10, IIe Partie, *Principes*.

23. On pourrait résumer ainsi les articles 10 à 15 des *Principes* :

Sens propre	espace $\equiv$ lieu intérieur $\equiv$ corps ((espace $\equiv$ lieu intérieur) $\neq$ corps) (Arts 10, 11) (comme le genre $\neq$ espèce)
Sens impropre « selon la façon de penser »	(espace $\equiv$ lieu) $\neq$ corps (Arts 12 et 13) *grandeur, figure et situation* d'un corps par rapport aux autres corps

celui de grandeur, de figure et de situation d'un corps par rapport à un autre ou celui de superficie, soit de « superficie en général » soit d'extrémité des corps environnant et environné. On voit donc que tant la « superficie » que la « situation » correspondent à des dénominations extrinsèques et non « véritables » du mot lieu, contrairement à ce que semble supposer Newton ici. Sans doute, faut-il imputer [24] ce genre d'erreur à l'absence de relecture sérieuse du texte par son auteur.

La critique développée à l'encontre de la conception cartésienne du mouvement et du lieu à l'intérieur de la « note » est double. Tout d'abord, il est démontré que la physique de 1644 est fondée sur d'autres principes que ceux posés comme fondateurs. Puis, on tend à prouver qu'il n'en est ainsi que parce que les concepts cartésiens ne peuvent d'aucune manière fonder la mécanique, de par leur propre défectuosité.

I.1.2.1. Le point essentiel sur lequel Descartes se contredit est selon Newton le « système du monde ».

Les articles des *Principes* cartésiens mis en regard les uns des autres sont d'un côté les articles 26 à 29 et de l'autre l'article 140 de la 3e Partie des *Principes.* Dans les premiers, Descartes refuse aux planètes le mouvement au sens vrai qu'il semble lui accorder cependant à l'article 140. De fait, la lecture attentive des articles 26 à 28 notamment atteste que leur auteur distingue entre « être transporté par » et « se mouvoir » : les planètes sont transportées par les Cieux liquides mais ne se meuvent pas pour autant au sens propre de ce terme :

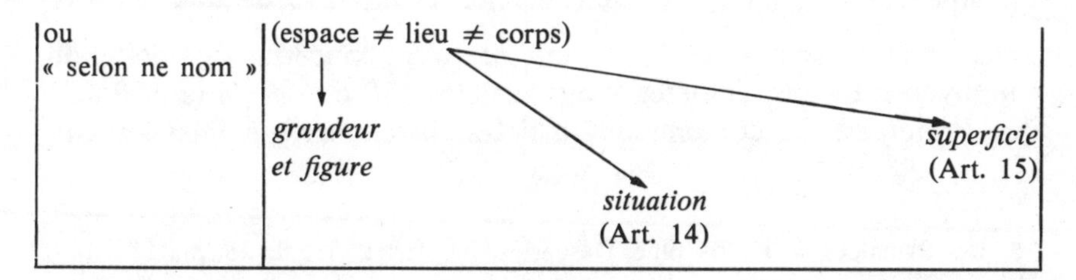

24. Il est bien vrai que même lorsque Newton prétend avoir relu ce qu'il a écrit, il ne produit pas un texte sensiblement mieux poli. Nous en donnons pour preuve les *Principia Mathematica,* qui malgré trois éditions (1687, 1713 et 1716) offrent au lecteur une forme d'expression des plus défectueuses.

> « ... on ne fçauroit trouuer [25] dans la Terre, ni dans les autres Planètes, aucun mouuement, felon la propre fignification de ce mot, pource qu'elles ne font point tranfportées du voifinage des parties du Ciel qui les touchent, en tant que nous confidérons ces parties comme en repos ; car pour eftre ainfi tranfportées, il faudroit qu'elles s'éloignaffent en mefme temps de toutes les parties de ce Ciel prifes enfemble, ce qui n'arriue point. Mais la matiere du Ciel eftant liquide & les parties qui la compofent fort agitées, tantoft les vnes de ces parties s'éloignent de la Planète qu'elles touchent, & tantoft les autres, & ce, par vn mouuement qui leur eft propre, & qu'on leur doit attribuer plutoft qu'à la Planète qu'elles quittent »

Si d'ailleurs le titre de l'article 140 [26] fait mention de « mouvement », son contenu ne laisse aucun doute au lecteur sur le sens qu'il convient de donner à ce terme :

> « ... si tôt qu'il est emporté par le *cours de (notre) Ciel,* [l'astre] doit continuellement descendre vers son centre, jusques à ce qu'il soit parvenu au lieu où sont celles de ses parties, qui n'ont... ni plus ni moins de force que lui à persévérer en leur mouvement, et..., lors qu'il est descendu jusques là, il ne doit pas s'approcher ni se reculer du Soleil, sinon en tant qu'il est poussé quelque peu çà et là par d'autres causes, mais seulement tourner en rond autour de lui avec ces parties du Ciel qui lui sont égales en force ; et ainsi, cet astre est une Planète ».

Conformément aux définitions 24 et 25 de la IIe Partie, la Planète ne se « meut » pas à proprement parler en ce cas, elle est seulement « agitée » et « emportée par le cours du ciel ». Quant à l'« effort » d'éloignement du Soleil, comme centre de mouvement, Descartes ne l'évoque en rien : il y a seulement « poussée » de l'astre sous l'effet de certaines causes, analysées aux articles 141 à 145 de la 3e Partie.

La même remarque vaut en ce qui concerne le prétendu « mouvement » des Comètes [27] aux articles 119 et 120 de la 3e Partie des *Principes*. Le contenu des articles, là encore, ne laisse aucun

25. Les Principes de Philosophie, Descartes, III Partie, Article 28, pp. 113, 114, Vrin, 1978, IX-2.

26. Art. 140, III, *op. cit.*, p. 191. « Comment les Planètes ont pu commencer à se mouvoir », pp. 191, 192.

27. Art. 119, 120, pp. 172, 173, 174, *op. cit.*

doute sur le sens dans lequel ce « mouvement » est conçu : l'astre est « emporté » par son tourbillon, il ne se meut pas à proprement parler.

Dès lors, si l'on s'en tenait là, on pourrait aisément croire qu'en définitive le Philosophe est tout à fait « conséquent avec lui-même ». Mais, Newton pousse plus loin l'analyse critique et la conduit jusqu'aux articles fondateurs de cette physique. L'article 25 de la IIe partie, où est défini le « mouvement vrai » est traduit à son tour devant le tribunal de la cohérence. Son procès fait l'objet de la seconde contradiction relevée par l'auteur. Comment expliquer, se demande-t-il, qu'on puisse juger du « mouvement vrai » en prenant comme seul point de repère les corps *« considérés comme »* étant au repos ? N'est-ce pas faire dépendre la connaissance de la vérité d'une impression sensible fugitive, pourtant sévèrement condamnée depuis les *Regulae ad directionem ingenii ?*

Sans doute, pourrait-on arguer que les articles 26 à 30 de la IIe - partie projettent sur ce point un autre éclairage : la nature du mouvement cartésien est toute relative comme l'article 27 [28] l'atteste :

> « Que le mouvement et le repos ne sont rien que deux diverses façons dans le corps où ils se trouvent ».

Le « mouvement » n'est donc pas une « substance » [29] comme l'étendue : ce n'est qu'une « propriété » du mobile, tout comme le repos est une propriété de la chose qui est en repos. Mais, alors d'où vient qu'on attribue le mouvement par lequel deux corps qui se touchent s'écartent l'un de l'autre, à l'un plutôt qu'à l'autre ? A cette question posée en l'article 30, Descartes répond [30] :

> « Tout ce qu'il y a de réel et de positif en des corps qui se meuvent, et qui fait qu'ils sont dits se mouvoir, se trouve également en ceux qui les touchent et qui sont cependant considérés seulement comme étant au repos ».

Cela n'empêche pas, précise-t-il, que nous n'attribuons pas de mouvement à la Terre tout entière quand seules certaines de ses parties sont transportées à partir du voisinage d'autres corps. Car

28. Art. 27, IIe Partie, p. 77, *op. cit.*

29. Art. 25, p. 76, *op. cit.*

30. Art. 30, IIe Partie, pp. 56-57. *Principia,* tome VIII, Adam & Tannery. Nous retraduisons le texte latin, déformé dans la traduction.

d'autres parties peuvent effectuer des transports semblables en sens inverse et la description des mouvements et repos des corps en deviendrait très complexe.

Certes, si l'essence du mouvement est d'être réciproque [31] et relative, la difficulté soulignée ici par Newton pourrait paraître spécieuse au premier regard. Il semblerait, en effet, que la question de savoir « pourquoi dit-on qu'un corps se meut plutôt qu'un autre » n'a pas de sens, puisqu'il y a tout autant de vérité à « considérer » un corps A « comme en repos » qu'à attribuer au corps B le « mouvement vrai », le corps B étant transporté du voisinage du corps A comme le corps A l'est du corps B. Bien plus, les exemples donnés à l'appui de la seconde contradiction semblent moins encore tenir compte de cette importante précision cartésienne, Newton s'attachant à distinguer entre ce qui est « considéré » comme étant au repos et ce qui est au repos « philosophiquement parlant ». On aurait tort cependant de s'arrêter à la logique apparente du raisonnement cartésien et d'écarter la critique newtonienne. Car, il est bien vrai que Descartes n'admet pas de mouvement à la Terre à l'article 29 de la Troisième Partie des *Principes* et qu'ultérieurement il raisonne *comme si* ce mouvement existait réellement. Or, qu'invoque-t-il pour sa défense ?

> « si néanmoins, après [32], pour nous accommoder à l'usage, nous semblons attribuer quelque mouvement à la Terre, il faudra penser que c'est en parlant improprement et au même sens que l'on peut dire quelquefois de ceux qui dorment et sont couchés dans un vaisseau, qu'ils passent cependant de Calais à Douvre, à cause que le vaisseau les y porte. »

Mais, pourquoi faut-il tant « s'accommoder à l'usage » dans une œuvre de science qui précisément dénonce les discordances entre l'usage vulgaire et l'usage scientifique des concepts ? De même, pourquoi distinguer un sens véritable d'un sens apparent du « mouvement » et se servir fréquemment du second pour réaliser des démonstrations qui se doivent d'être conformes à la vérité ? Ne serait-ce pas précisément parce que les concepts scientifiques choisis sont si ambigus que leur usage en est stérile ? Aussi bien, quand le jeune Newton dit du « Philosophe » qu'il [33] « n'est pas conséquent

31. Art. 29, IIe Partie, pp. 78, 79, *Principes, op. cit.*

32. *Op. cit.*, IIIe Partie, Article 29, p. 115.

33. *Cf.* p. 22 de ce livre.

avec lui-même », dénonce-t-il à juste titre le fait d'avoir choisi les fondements de la physique selon certains critères et de se servir de ceux-là mêmes qu'on a rejetés de par leur non-conformité à ces critères, pour construire cette science. Car, même si Descartes reconnaît qu'il s'accommode parfois à l'usage et non à la vérité, il ne peut pas, ce faisant, ne pas rendre problématique la force démonstrative de son argumentation, dans la deuxième partie des *Principes*. C'est exactement cela que dénonce Newton ici. Car, ce sont des fondements véritablement fondateurs d'une science de la gravitation qu'il recherche. Sa critique n'a donc rien de spécieux, après examen.

La troisième contradiction décelée dans la « doctrine cartésienne » met au jour elle aussi une difficulté essentielle de cette physique. La question est la suivante : combien de mouvements réels un corps peut-il avoir ?

A l'article 31 [34] de la Partie II, Descartes s'exprime ainsi :

> « Mais, encore que chaque corps en particulier n'ait qu'vn feul mouuement qui luy eft propre, à caufe qu'il n'y a qu'vne certaine quantité de corps... qui le touchent & qui foient en repos à fon égard, toutefois il peut participer à vne infinité d'autres mouuements, en tant qu'il fait partie de quelques autres corps qui se meuuent diversement ».

Un corps n'a donc qu'un seul mouvement réel : la participation à d'autres mouvements ne saurait être comprise comme diversité de mouvements réels. L'article 32 semble confirmer cette interprétation :

> « Nous pouvons même considérer ce mouvement unique qui est proprement attribué à chaque corps, comme s'il était composé de plusieurs autres mouvements, écrit [35] Descartes... [Mais], ajoute-t-il, bien qu'il soit utile de distinguer quelquefois un mouvement en plusieurs parties, afin d'en avoir une connaissance plus distincte, néanmoins absolument parlant, nous n'en devons jamais compter plus d'un en chaque corps ».

Mais cependant, ainsi exprimée, la démarche cartésienne ne laisse pas de faire problème. En effet, si l'on conçoit bien qu'un mouvement réel puisse être décomposé par l'esprit en d'autres mouvements (art. 31), on conçoit beaucoup plus mal ce qu'est une participation au

34. Principes, *op. cit.*, p. 80.

35. Art. 32, IV, *op. cit.*, pp. 80, 81.

mouvement réel qui n'est pas elle-même un tel mouvement. A cet égard, l'exemple chargé d'illustrer l'article 31 ne lève en rien l'ambiguïté, tant s'en faut [36] :

> « si un marinier, se promenant dans son vaisseau, porte sur soi une montre, bien que les roues de sa montre n'aient qu'un mouvement unique qui leur est propre, il est certain qu'elles participent aussi à celui du marinier qui se promène parce qu'elles composent avec lui un corps qui est transporté tout ensemble ; il est certain qu'elles participent aussi à celui du vaisseau..., & même à celui de la mer, parce qu'elles suivent son cours ; & à celui de la terre si on suppose que la terre tourne sur son essieu, parce qu'elles composent un corps avec elle ».

Aussi bien, Newton n'exagère-t-il en rien en écrivant :

> « [Descartes] avance qu'un mouvement unique appartient à chaque corps, selon la vérité des choses, mais qu'il y a cependant réellement d'innombrables mouvements dans chaque corps ».

En outre, comment comprendre que des mouvements soient réellement dans un corps donné [37] quand, par ailleurs, on a soutenu que le mouvement n'est « rien [38] hors du corps qui est mû », qu'il n'est pour lui qu'une façon d'être disposé ainsi plutôt qu'autrement ? Certes, il ne fait pas de doute que le jeune Newton a mis ici le doigt sur des points particulièrement litigieux de la « doctrine cartésienne ».

I.1.2.2. Ce faisant, il est prouvé que les fondements de la physique de 1644 n'ont pas servi à fonder cette science elle-même. Il y a donc contradiction dans la construction de ce que l'on pourrait appeler en termes modernes la « théorie physique » cartésienne. Ceci dit, il n'est pas prouvé pour autant que les concepts posés comme fondateurs par Descartes ne soient pas effectivement tels. Par conséquent, pour répondre avec certitude à la question centrale du *De Gravitatione : les fondements de la physique cartésienne peuvent-ils effectivement fonder une théorie cohérente ?,* il faut aussi tester la valeur fondatrice de ce qui a été posé comme fondements par Descartes. Une preuve

36. *Idem,* p. 80.

37. Principia, édition latine, Vrin, p. 57 : « Omnes hi motus revera erunt in rotulis istis ».

38. Principes, II, articles 27, pp. 77, 78.

par l'absurde de ces fondements est donc proposée maintenant. Huit conséquences absurdes des principes de la physique de 1644 sont ainsi relevées.

Si l'on accorde à Descartes la définition du mouvement vrai, il faut reconnaître que les parties internes des corps durs et les parties internes de leurs parties externes ne peuvent avoir de mouvement propre, contrairement à ce que l'auteur de l'article 25 prétend. En effet, le « Philosophe » affirme [39] que :

> « Par un corps ou bien par une partie de la matière, j'entends tout ce qui est transporté ensemble, quoiqu'il soit peut-être composé de plusieurs parties qui emploient cependant leur agitation à faire d'autres mouvements ».

Or, comment chaque partie d'un corps dur serait-elle transportée du voisinage des parties contiguës de ce corps au voisinage d'autres parties ?

En effet, d'après le « Philosophe » lui-même, « les [40] parties des corps durs sont tellement jointes les unes aux autres, qu'elles ne peuvent être séparées sans une force qui rompe cette liaison qui est entre elles ». Ainsi, a-t-il raison de refuser le mouvement vrai à la Terre mais non de laisser supposer que les parties internes des autres corps durs sont susceptibles d'un tel mouvement.

Par voie de conséquence, seule la « surface » d'un corps devrait être susceptible de « mouvement vrai », si l'on se réfère aux fondements cartésiens de la physique. Ainsi, déployée en ses implications ultimes, « la définition fondamentale du mouvement est... défectueuse, conclut Newton, parce qu'elle fait... qu'aucun mouvement ne peut être propre à chaque corps ». En effet, dans la terminologie cartésienne elle-même, la « surface » n'est pas une partie du corps, comme Descartes lui-même en convient [41] :

> « Il est à remarquer que, par la superficie, on ne doit entendre aucune partie du corps qui environne, mais seulement l'extrémité qui est entre le corps qui environne et celui qui est environné, qui n'est rien qu'un mode ou une façon ».

39. Art. 25, *op. cit.*, II.

40. Principes, II, Article 54, p. 94.

41. Art. 15, II, *op. cit.*, p. 71.

Bien plus, le même article 25 permet tout aussi bien de démontrer le contraire : à savoir que chaque corps non seulement est susceptible de mouvement vrai mais peut en avoir une multiplicité. C'est qu'en effet, la notion cartésienne de corps, souligne Newton, n'est pas définie avec netteté. Reportons-nous à l'article 25 : « Par un corps ou bien par une partie de la matière, j'entends, dit le « Philosophe », tout ce qui est transporté ensemble, quoiqu'il soit peut-être composé de plusieurs parties qui emploient cependant leur agitation à faire d'autres mouvements ». Ainsi, d'après l'article 31, les roues d'une montre portée par un marinier se promenant sur un bateau « composent avec [le marinier] un corps qui est transporté tout ensemble », et même avec la Terre.

Or, précisément, Newton soulève ici un problème scientifique de fond : il est indéniable que le mot « corps » est utilisé en un sens très ambigu puisqu'il désigne tantôt un objet déterminé tantôt un ensemble d'objets solidaires par leur mouvement. Ceci vient d'ailleurs de ce que l'essence du corps cartésien étant l'étendue, l'idée de délimitations précises d'un corps procède d'une vision vulgaire et non véridique de ces corps. Mais, ce faisant, comment des concepts aussi larges en compréhension peuvent-ils avoir un caractère opératoire en science physique ? Car, si l'on ne peut pas, de par les principes posés, assigner des délimitations précises aux corps, comment saura-t-on d'où vient le mouvement, où il va, quels corps il affecte ? Comment enfin calculera-t-on les lois de ces mouvements ?

Ainsi, le défaut relevé par Newton concerne les conséquences d'une absence de précision des concepts clefs, tels ceux de corps et de mouvement, pour fonder la science mécanique elle-même. En effet, de ces concepts on peut déduire aussi bien qu'aucun corps n'a de mouvement vrai que tous les corps en ont une infinité selon les mouvements de leurs parties. Mais, comment déterminer le mouvement vrai dans le second cas, comment accorder tant de mouvements contradictoires entre eux, comme l'atteste l'exemple du mouvement de la Terre dans l'Univers ? Cet exemple, soulignons-le au passage, montre bien l'inquiétude essentielle de Newton en ce texte : évaluer les mouvements des corps et notamment des corps célestes, fonder un système du monde cohérent et opératoire.

La troisième critique des concepts clefs de la physique cartésienne a souvent été adressée dans le passé à Descartes. Comment concevoir un mouvement sans force ? Tant Gassendi que Barrow ou More ont posé cette question à laquelle – il faut bien le dire – Descartes n'a donné que des réponses évasives. A Henry More [42], par exemple, qui demande :

> « ... Lorsque deux corps se séparent l'un de l'autre, si vous n'ajoutez à l'idée de ce transport ou de ce mouvement une force dans l'un et dans l'autre qui les sépare et qui les divise, ce mouvement sera seulement un rapport extrinsèque ou quelque chose même de moins ; car être séparé signifie ou que la surface des corps qui se touchaient mutuellement auparavant est à présent éloignée l'une de l'autre (or, la distance des corps est seulement un rapport extrinsèque) ou signifie ne pas toucher ce qui était touché auparavant ; ce qui est seulement une privation ou une négation. Je ne comprends pas bien votre pensée là-dessus ».

Descartes [43] fait une réponse étonnante :

> « Ce transport que j'appelle mouvement n'est point une chose de moindre entité que la figure, c'est-à-dire elle est un mode dans le corps, et la force mouvante peut venir de Dieu qui conserve autant de transport dans la matière qu'il y en a mis au premier mouvement de la création, ou bien de la substance créée, comme de notre âme, ou de quelque autre chose que ce soit, à qui il a donné la force de mouvoir le corps ; et cette force dans la substance créée est son mode, mais elle n'est pas un mode en Dieu ; ce qui étant un peu au-dessus de la portée du commun des esprits, je n'ai pas voulu traiter cette question dans mes écrits, pour ne pas sembler favoriser le sentiment de ceux qui considèrent Dieu comme l'âme du monde unie à la matière ».

Mais, comment ne pas comprendre à travers cette réponse, obscurcie de surcroît par une terminologie scolastique (mode, substance) que la « force » n'est pas encore devenue un concept scientifique ? Un « mode » venu de Dieu ou d'une substance créée ne saurait en effet entrer comme tel au sein d'une relation symbolique telle qu'une loi mathématique.

Précisément, c'est bien cela que ne peut admettre Newton. Car, il est bien vrai que l'article 25 de la Partie II implique que si des corps

42. Lettre du 23 juillet 1649, pp. 176-177, traduction Lewis, Correspondance avec Arnauld et Morus, Vrin, 1953.

43. Août 1649, *op. cit.*, pp. 184-185.

voisins d'un corps donné changent de place autour de lui, un « mouvement vrai » peut être attribué à celui-ci. Tel serait le cas de la Terre si Dieu décidait soudain d'arrêter le mouvement de son tourbillon. Ainsi, aucune « force » n'a été imprimée à ce corps et cependant il se meut. Mais, comment, redisons-le, fonder une science mécanique si l'on ne sait pas évaluer ni mesurer le mode de production des mouvements des corps ?

De plus, puisqu'un corps peut se mouvoir véritablement sans qu'une force lui soit imprimée directement, Dieu même ne peut ni provoquer ni changer ni conserver le mouvement vrai des corps. On se souvient pourtant que c'est lui qui, d'après Descartes, conserve toujours la même quantité de mouvement dans l'univers. Mais comment le pourrait-il puisque des mouvements vrais peuvent se produire sans force imprimée ? En définitive, l'univers n'a plus besoin de Dieu pour continuer à être. Ainsi, la non-reconnaissance de la dimension scientifique de la force ou de l'aspect dynamique de la science mécanique entraîne l'athéisme, que Descartes condamne par ailleurs.

Cette quatrième objection est dirigée notamment contre l'article 38 de la troisième partie où Descartes entend démontrer que dans l'hypothèse de Tycho-Brahe la Terre se meut véritablement et non le Ciel étoilé qui tourne autour d'elle. En effet, dit-il [44] :

> « ... nous avons bien plus de raison d'attribuer ce mouvement à la Terre, pour ce que la séparation [de toutes les parties de la Terre avec toutes les parties du Ciel] se fait en toute sa superficie et non pas de même en toute la superficie du Ciel, mais seulement en la concave qui touche la Terre, et qui est extrêmement petite, à comparaison de la convexe ».

Ceux donc qui acceptent la thèse de Tycho-Brahé selon laquelle la Terre est immobile et refusent celle de Copernic où la Terre se meut sont en définitive trompés dans leur attente. Car, selon la première thèse, il est plus vraisemblable de croire que la Terre est affectée d'un « mouvement vrai » au sens cartésien du terme que de croire le Ciel, dans son entier, affecté d'un pareil mouvement. Comment prouver en effet la « séparation de toute la superficie convexe du Ciel étoilé d'avec l'autre ciel qui l'environne », séparation qui seule attesterait le transport de ce Ciel étoilé du voisinage du Ciel qui l'entoure ? Mais,

44. Art. 38, III, p. 120, *op. cit.*

à dire vrai, on ne peut s'empêcher de songer ici à l'article 29 où le mouvement est défini comme réciproque :

> « lorsque nous verrons, dit Descartes, [45] que deux corps qui se touchent immédiatement seront transportés, l'un d'un côté et l'autre de l'autre et seront réciproquement séparés, nous ne ferons point de difficulté de dire qu'il y a autant de mouvement en l'un comme en l'autre ».

Autrement dit, puisque le ciel est posé comme tournant autour de la Terre par Tycho-Brahé, pourquoi se référer à ce deuxième corps qu'est le Ciel environnant pour décider de l'état de mouvement ou de repos du Ciel étoilé ? Pourquoi faut-il deux voisinages pour décider de cet état ? Nous avouons ne pas comprendre ce surcroît d'exigences établi par Descartes par rapport au concept même de « mouvement vrai ». C'est très exactement ce point que souligne Newton en cette quatrième objection. Si Dieu, en effet, poussait avec une force considérable non seulement le Ciel étoilé mais encore celui qui l'entoure (« toutes les parties de la création les plus lointaines »), alors on ne pourrait dire du ciel dans son entier qu'il se meut puisqu'il n'est pas séparé d'un *deuxième référentiel* considéré comme en repos. Il y a là une difficulté indéniable dans le raisonnement cartésien de l'article 38 (III) dans son rapport avec l'article 29 (II).

Il est donc clair ainsi que c'est la définition même du mouvement vrai comme translation ou transport qui en est responsable, étant trop vague et se prêtant à toutes les interprétations possibles. Par là-même, elle ne saurait être utile à une science qui relève des argumentations mathématiques et où les signes et symboles se doivent d'être non ambigus. D'où, cette conclusion : « le mouvement physique et absolu doit être désigné autrement que par cette translation ».

Les cinquième et sixième objections précisent davantage cette conclusion : définir le mouvement physique par une translation entre corps et le repos vrai par une absence de translation est « étranger à la raison ». Cette translation, en effet, n'explique en rien, comme l'article 38, III, rapporté à l'article 29, II, en témoigne, les changements de situations des corps entre eux. Ainsi, ce concept n'offre aucune prise certaine au physicien pour mesurer ces changements.

45. *Op. cit.*, p. 79, art. 29, II.

Faute de pouvoir évaluer avec certitude quel corps est réellement en repos et lequel est réellement en mouvement, il est donc vain de vouloir fonder une science de la gravitation. Ajoutons que si le concept de « translation » est scientifiquement stérile, c'est qu'il implique l'idée de réciprocité du mouvement et du repos et engendre ainsi la confusion des états des corps.

Mais, il y a plus grave. Descartes semble oublier le caractère réciproque du mouvement et du repos en son *Système du Monde*. En effet, c'est la matière du Ciel qui se meut en propre et non les Planètes qui sont seulement emportées par cette matière, de sa nature, « liquide ». A l'article 21 de la troisième Partie, la mobilité de la matière céleste est ainsi expliquée :

> « nous pouvons croire que le [46] Soleil est composé d'une matière fort liquide et dont les parties sont si extrêmement agitées qu'elles emportent avec elles les parties du Ciel qui leur sont voisines et qui les environnent ».

Le Soleil est en effet comparé à une flamme, en ce qu'il produit comme elle de la lumière, qui peut ébranler toutes les parties des corps qu'elle touche et les séparer les unes des autres. Or, toute la matière céleste est supposée répartie en plusieurs petits tourbillons qui emportent chacun une Planète [47]. Mais, objecte fort justement Newton, comment Descartes peut-il dire que ces tourbillons se meuvent réellement puisqu'ils sont tous entourés par d'autres tourbillons, qui par définition même ne *peuvent* pas être considérés comme en repos. Le « Philosophe » invoquera-t-il que les Planètes ne se meuvent pas à proprement parler et qu'elles sont seulement emportées par leur tourbillon propre ? Mais, un seul voisinage suffit-il à juger du transport d'un corps ? L'article 38 de la troisième Partie, commenté et critiqué en la quatrième objection, pourrait en faire douter.

Ainsi, sous quelqu'aspect qu'on le prenne, l'univers construit par Descartes présente un défaut grave : on ne sait ni ce qui se meut, ni ce qui ne se meut pas, ni d'où vient le mouvement, ni jusqu'où il se porte ou se peut porter. Bref, cet univers n'offre pas de prise à la mesure mathématique, à l'insertion de relations entre symboles déterminés. Il

46. *Id.*, art. 21, p. III, IIIe partie.

47. *Id.* art. 33, pp. 116, 117, IIIe partie.

lui manque un référentiel stable. Telle est [48] bien précisément la conclusion quelque peu ironique de Newton à la fin de cette septième objection :

> « si le Philosophe rapporte cette translation, non aux nombreuses particules corporelles des tourbillons, mais, comme il le dit, à l'« espace générique » où se trouvent ces tourbillons : nous sommes finalement d'accord, car il reconnaît [ainsi] que le mouvement doit être rapporté à l'espace en tant que distinct des corps ».

Cette allusion ne saurait être prise au pied de la lettre, bien sûr, ni l'*espace générique* confondu avec l'espace absolu et immobile que Newton propose dans les pages suivantes. La référence à un *genre* de l'espace à l'article 11 de la deuxième Partie des *Principes* en convainc : [49]

> « ... la même étendue qui constitue la nature du corps, écrit Descartes, constitue aussi la nature de l'espace, en sorte qu'ils ne diffèrent entr'eux que comme la nature du genre ou de l'espèce diffère de la nature de l'individu... ».

Il est clair que Descartes se refère à une terminologie aristotélicienne du genre, de l'espèce et de l'individu. Or, est-il besoin de rappeler que le « genre » aristotélicien ne saurait être conçu comme séparé des individus qui lui appartiennent ? Ainsi, l'étendue générique ne saurait-elle être conçue comme « séparée » des nombreuses particules corporelles de la matière céleste. Le désaccord reste donc entier entre Descartes et Newton sur ce point crucial.

La huitième et dernière objection conduit à son terme cette preuve par l'absurde de l'impossibilité de fonder une science de la gravitation sur les concepts cartésiens de corps et de mouvement.

En effet, réduit à un pur jeu de translations réciproques le mouvement n'est plus mesurable. De fait, il faut se souvenir que lorsque le corps dans la physique cartésienne se meut selon la vérité, il ne change pas de lieu. L'expression même « changer de lieu » prise selon la vérité n'a d'ailleurs pas de sens; car, s'il est permis de s'exprimer

48. *Cf.* p. 30 de ce livre.

49. *Principes,* II, article II, pp. 68, 69.

ainsi, un corps dans son transport emporte son lieu avec lui, comme on doit l'inférer de l'article 10 de la Partie II [50] :

> « ... la différence qui est entre [l'espace ou le lieu intérieur et le corps qui est compris entre cet espace] ne consiste qu'en ce que nous attribuons au corps une étendue particulière que nous concevons changer de place avec lui toutes fois et quantes qu'il est transporté et que nous en attribuons à l'espace une si générale et si vague qu'après avoir ôté d'un certain espace le corps qui l'occupait, nous ne pensons pas avoir aussi transporté l'étendue de cet espace, à cause qu'il nous semble que la même étendue y demeure toujours pendant qu'il est de même grandeur, de même figure, et qu'il n'a point changé de situation au regard des corps de dehors par lesquels nous le déterminons. »

Mais, cette conception du transport comme changement de lieu dans un autre à travers un espace qui demeurerait immobile et servirait de cadre aux mouvements des corps est fausse pour Descartes. L'espace à proprement parler ne diffère pas du corps qui est en lui.

Dès lors, comment déterminer l'espace parcouru par un corps en mouvement et sa vitesse ? En effet, comment déterminer le lieu initial, le lieu final et les lieux intermédiaires puisque, comme le remarque très justement Newton, « il est impossible, d'après cette doctrine, que le lieu existe dans la nature plus longtemps que ne demeurent les mêmes positions des corps desquelles il tient sa dénomination propre » ? Comment donc mesurer un mouvement quand le corps emporte son lieu avec lui au fur et à mesure où il se déplace ? Il est dès lors impossible notamment de mesurer les déplacements des planètes les uns par rapport aux autres et par rapport au Soleil, sauf à rapporter les déplacements à une « étendue générique » qui, elle, ne se déplacerait pas avec les corps. Dieu même ne saurait calculer les mouvements de ces planètes, sans contrevenir à la conception même de sa Création, par voie de conséquence.

Un fait est sûr : c'est que Descartes ne pouvait effectivement mesurer les révolutions des tourbillons avec une telle conception du mouvement et de l'espace qu'« en rapportant tacitement », comme le note malicieusement Newton, ces révolutions à une étendue fixe. Rappelons tout de même que le concept cartésien d'étendue selon le

50. *Idem*, p. 68.

genre ne peut pas avoir l'immobilité pour attribut. Ce serait donc à l'encontre de la définition de ce concept que Descartes s'y serait référé en ce sens, pour établir son *Système du Monde.*

Une conclusion inévitable s'impose alors : si l'on veut pouvoir mesurer les mouvements des corps, leurs vitesses, leurs trajectoires, qui est l'objet même d'une science mécanique, il faut rapporter ces mouvements à « un être immobile telle que l'étendue seule ou l'espace considéré comme quelque chose de réellement distinct des corps ».

Autrement dit, si l'on veut fonder une science de la gravitation et de l'équilibre des fluides et des solides dans les fluides avec des *principes véritablement fondateurs,* il reste à abandonner sans regret les principe même sur lequel elle est établie l'est : à savoir la confusion de ses. Car, si la philosophie cartésienne est défectueuse, c'est que le principe même sur lequel elle est établie l'est, à savoir la confusion de l'espace et du corps. Si l'arbre ne porte pas de fruits, c'est que les racines en sont mauvaises. Ainsi, conclut Newton, « je n'estime pas peu de renverser [cette doctrine] eu égard à l'étendue, afin de donner aux sciences mécaniques des fondements plus vrais ». La finalité essentielle du *De Gravitatione* apparait alors dans toute sa lumière.

I.1.3. *La nature de l'étendue*

Mais, pour en arriver à cet ultime point, il convient au préalable de déterminer avec précision l'ancre qui retient les parties de l'espace ou lieux que remplissent les corps en repos ou au cours de leurs mouvements.

L'argumentation développée à ce propos est classique à cette époque. Ainsi, la retrouve-t-on par exemple à la *Lectio* X des *Lectiones Mathematicae* [51] de Barrow, professeur de mathématiques de Newton à Cambridge :

> « Si l'espace est différent de la grandeur, écrit Barrow, il faut savoir dans quelle classe le mettre : en effet, toute chose semble

51. I. Barrow, *op. cit.*, p. 150. Nous traduisons du latin : « ... spatium si quod est a magnitudine differens, sciscitamur in quâ rerum classe reponatur. Cum enim res omnis aut ex se subsistat, aut accidat alteri, neutrum isti spatio convenire videtur. Non ad substantiae dignitatem ipsius patroni spatium vehent, nec res ipsa patietur. Sed nec accidens est, quoniam omni substantiae extrinsecum est, et cum eâ non circumfertur, eâque sublatâ permanet ; et ab alia nulla re pendet ».

> soit subsister en soi, soit être un accident en quelque chose d'autre à moins qu'aucune de ces [classes] ne convienne à l'espace.
>
> Ceux qui défendent la cause de l'espace n'élèvent pas celui-ci à la dignité de substance. Mais, l'espace n'est pas non plus un accident, puisqu'il est extérieur à toute substance, qu'il ne se meut pas avec elle et qu'il demeure [52] en son absence ; et il ne dépend d'aune autre chose ».

Dès lors, quel mode d'existence assigner à l'espace ? Suivant l'enseignement reçu à Cambridge, université très « traditionnelle », Newton répond à cette question dans une terminologie scolastique dont il se sépare pour la reprendre ultérieurement. La détermination de l'espace s'effectue successivement de manière négative puis positive.

En premier lieu, l'espace ne peut être « substance » pour deux raisons. Car, il est d'abord un « effet émanant » de Dieu ou une affection de tous les êtres. Assurément, cette propriété doit beaucoup à la lecture de Henry More et notamment à *The Immortality of the Soul* [53], où l'étendue divine est distinguée de l'étendue impénétrable des corps.

L'espace n'a ensuite aucun « attribut », comme le requiert la définition de la « substance » par Aristote [54] ou Descartes [55]. Il n'est pas

52. Notons à cet égard la différence entre « permanere » et « substare ». L'espace n'est pas une substance, il ne fait qu'être permanent. Newton reprend cette distinction dans les pages suivantes tout comme dans les trois éditions des *Principia* (Scholie des définitions ; Définition III : *vis insita*).

53. More, *A collection of several philosophical writings,* London, 1662, *The Immortality of the Soul, Axiomes* XVI et XVII : « An emanative Cause is the Notion of a thing possible ». « An emanative effect is consistent with the very substance of that which is said to be the Cause thereof », p. 27.

54. *Organon, Catégories,* Vrin, 1977. 5), p. 7 : « La substance, au sens le plus fondamental, premier et principal du Terme, c'est de qui n'est ni affirmé d'un sujet, ni dans un sujet ».

55. Descartes : *Secondes Réponses,* éd. Bridoux, pp. 390, 391. V, VI et VIII : « Toute chose dans laquelle réside immédiatement comme dans son sujet, ou par laquelle existe quelque chose que nous concevons, c'est-à-dire quelque propriété, qualité, ou attribut, dont nous avons en nous une réelle idée, s'appelle Substance. Car, nous n'avons point d'autre idée de la substance précisément prise, sinon qu'elle est une chose dans laquelle existe formellement, ou éminemment, ce que

non plus le sujet d'« actions ». En cela, Newton suit la définition de More [56].

> « ... dans [la notion précise de la *substance*], je conçois incluses, écrit More, l'*extension* et l'activité... »

De fait, cette « conception » est présentée comme « axiome » dans la *Contractio* de la philosophie péripatéticienne, réalisée un peu avant le *De Gravitatione*, par référence à Stahl : « Actiones sunt suppositorum » [57].

En second lieu, si l'espace était un « accident », il ne pourrait pas exister sans un sujet. Or, il y a une « étendue » du vide ou du « néant », comme le disait More [58] à Descartes : ce qui prouve que l'étendue n'a pas besoin de substrat pour être.

L'étendue a donc un statut intermédiaire [59] entre la substance et l'accident. Elle n'est ni substance, ni accident, ni rien (puisqu'elle peut être sans substrat). Ainsi, puisque le vocabulaire aristotélicien ne permet pas d'expliciter positivement la nature ni les propriétés de l'étendue, il convient de se référer à d'autres moyens pour ce faire.

La première propriété de l'espace concerne la possibilité de sa divisibilité continue : il n'y a pas de hiatus entre les « parties » que l'on peut distinguer en l'espace. Elles ont toutes des limites communes entre elle et ce, qu'elles soient des volumes, des surfaces, des lignes ou des points. On peut ainsi toujours concevoir en l'espace des parties plus petites que celle déjà distinguées.

nous concevons, ou ce qui est objectivement dans quelqu'une de nos idées, d'autant que la lumière naturelle nous enseigne que le néant ne peut avoir aucun attribut réel ».

56. *The Immortality of the soul, op. cit.,* Book I, chap. 3, p. 21.

57. *Contractio, op. cit.,* Axiomata, *Circa doctrinum actionis, agentis* & patentis, 7, p. 54, Newton se réfère ainsi au principe admis par les Scolastiques. Daniel Stahl qu'il cite souvent dans ses réflexions sur la logique aristotélicienne ou les *Quaestiones* l'énonce et le développe longuement dans les *Regulae Philosophicae explicatae,* à la *Disputatio* I, *Regula* 2, (partie 2), § VII, p. 14 (1662) :

> « Actiones esse suppositorum ita accipimus hic, ut & causam efficentem sive principium, a quo est actio, & subjectum, in quod aliquid agit, intelligamus, & dicimus, agere & pati esse suppositorum ».

58. *Op. cit.,* Lettre du 5 mars 1649, p. 135.

59. Il semble que cette thèse soit propre à Newton. Nous ne l'avons pas rencontrée sous la plume de ceux qu'il a lus, tels More, Barrow, ou Boyle.

Pour mieux cerner la démarche newtonienne sur ce point, nous proposons de la comparer à celle d'Isaac Barrow, à la *Lectio IX* des *Lectiones Mathematicae.* Toutefois, il faut souligner au préalable qu'elle présente une analogie non pas avec ce que Barrow nomme « spatium » et avec lequel elle devrait être concordante puisque l'un et l'autre admettent l'espace absolu, mais avec ce que l'auteur des *Lectiones* nomme *magnitudo* soit une grandeur déterminée. Soulignons aussi à ce propos que Barrow, plus logique en cela que son élève, conclut du caractère infini et absolu de l'espace à l'impossibilité pour l'esprit humain d'imaginer ou même de concevoir plus en détail ses propriétés.

Mais, ce faisant, Newton, précisément parce que lui-aussi admet comme Barrow le caractère infini de l'espace, n'assigne pas, tant s'en faut, tous les caractères de la grandeur barrowienne à son concept d'espace. Ainsi, une certaine analogie peut être remarquée dans la manière de définir la divisibilité de l'espace par Newton et dans celle de définir le même sujet pour la grandeur de Barrow :

> « je ne considère pas, écrit Barrow [60], que les surfaces, les lignes ou les points possèdent une existence séparée ni une efficace propre par elles-mêmes ; je pense ... davantage ... qu'une seule grandeur est donnée, en tant qu'elle peut être diversement divisée »

Là aussi, les « parties » distinguées en l'espace sont conçues non comme séparées de l'espace mais comme y appartenant, une seule et même grandeur pouvant se présenter sous un aspect ou sous un autre. On retrouve donc bien une certaine parenté avec le propos newtonien : « Le tracé matériel d'une figure quelconque est non pas une nouvelle production de cette figure eu égard à l'espace, mais seulement sa représentation corporelle de telle sorte qu'elle apparaît maintenant aux sens alors qu'auparavant elle était insensiblement présente dans l'espace ».

En revanche, la différence entre la détermination de la première propriété de l'espace par Newton et celle des propriétés de la grandeur barrowienne surgit quand Barrow évoque la « terminaison de la

60. *Op. cit.,* Lectio IX, p. 137, I.

grandeur ». En effet, s'expliquant à la *Lectio* IX sur l'étendue de la grandeur, son auteur remarque [61] :

> « ... que les limites *(terminos)* d'une grandeur ne sont pas immédiatement jointes ou coexistantes mais que quelque chose est interposé ou intercalé entre elles ».

Puis, se fondant sur le principe d'Aristote pour qui « les extrêmes ne peuvent pas être posés en même temps » [62], il ajoute :

> « Nous ne pouvons pas concevoir sainement une grandeur si ce n'est en tant qu'étendue et ayant des limites séparées par un intervalle ; ni une ligne si ce n'est comme un sentier qui s'étend entre deux lieux extrêmes ; ni une surface si ce n'est comme un plancher plein à l'intérieur de ses bordures ; ni un corps, autrement que comme une voûte ou un petit vase compris entre ses parois. En effet, c'est l'expérience qui nous suggère de telles similitudes et idées des grandeurs... ».

C'est précisément sur ce point qu'en toute logique Newton abandonne, pour définir la première propriété de l'espace, la conception que Barrow adopte pour les grandeurs. En effet, la reconnaissance d'un intervalle séparant les limites des parties de l'espace entre elles aurait pour fin de rejeter le caractère continu de la divisibilité de l'espace.

Cela étant, c'est à propos de la grandeur que Barrow évoque un problème soulevé ici par Newton : celui des lignes, des points et des surfaces. Pour Barrow, ceux-ci ne sont que « des négations de l'étendue ultérieure ». Ainsi, les lignes ne sont pas *constituées* par des points, car, en tant que « négation de l'étendue ultérieure » [63], le point n'a pas d'« existence positive ». En revanche, l'on peut prendre un point n'importe où sur une ligne ; une ligne et un point, n'importe où sur une surface ; une surface, une ligne et un point, n'importe où dans un volume, tel un corps :

> « Car, dit-il, puisque l'une quelconque des parties... d'un corps prend fin ou commence n'importe où, la limite de ce corps peut

61. *Op. cit.*, p. 137.
62. Physique, VI, I.
63. *Op. cit.*, p. 139, III.

> être considérée n'importe où comme surface, une ligne qui termine la surface peut être prise sur une quelconque partie [de ce corps], un point qui termine une ligne peut être pris [aussi] sur une quelconque partie [de ce corps] ».

De même, pour Newton, les « lignes sont non pas constituées de points » mais *divisés* en points. Comme Barrow, donc, il admet que n'importe où dans l'espace, on peut trouver une partie qui commence ou prend fin, des surfaces, des lignes et des points. Il l'admet déjà d'ailleurs dans les *Quaestiones* quand il traite de la constitution de la matière, suivant en cela Henry More de très près [64] :

> « La matière primitive est-elle ou non faite de points mathé-

64. Henry More admet en effet la divisibilité non actuelle de l'espace. Dans *The Immortality of the Soul,* il distingue la « divisibilité » de la « discerpibilité » et démontre l'« indiscerpibilité » de la matière comme suit :

> « I have taken the boldness to assert, (Preface, section 3, p. 3), that matter consists of parts indiscerpible, understanding by *indiscerpible* parts, particles that have indeed real extension, but so little, that they cannot have less and be anything at all, and therefore cannot be actually divided. Which *minute Extension,* if you will, you may call *Essential* (as being such that measure of it, the very Being of *Matter* cannot be conserved) as the extension of any Matter compounded Matter being actually and really seperable one from another. The assertion, I confess, cannot but seem paradoxical at first sight, even to the ingenious and judicious. But that there are such indiscerpible particles into which Matter is divisible, viz, such as have *essential* extension, and yet have parts utterly *inseparable,* I shall plainly and compendiously here demonstrate (besides what I have said in the Treatise itself) by this short syllogism.
>
> That which is actually divisible so far as actual division any way can be made, is divisible into parts indiscerpible.
>
> But *matter* (I mean that *Integral* or *Compound* Matter) is actually divisible as far as actual division any way can be made.
>
> It were a folly to go to prove either my Proposition or Assumption, they being both so clear, that non common notion in Euclide is more clear, into which all Mathematical Demonstrations are resolved.
>
> It cannot but be confessed therefore, that *Matter* consists of *indiscerpible* particles, and that Physically and really it is no divisible *in infinitum,* though the parts that constitute an *indiscerpible* particle are real, but divisible only intellectually ; it being of the very essence of whatsoever is, to have *Parts* or *Extension* in some measure or other. For, to take away all Extension, is to reduce a thing only to a Mathematical point, which is nothing else but pure Negation or Non-entity ; and there being no *medium* betwixt *extended* and *not-extended,* no more then there is betwixt Entity and Non-entity, it is plain that if a thing *be* at all, it must be *extended.* And therefore there is an *Essential Extension* belonging to these *indiscerpible* particles of Matter ; which was the other Property which was to be demonstrated ».

> matiques [65] ?... Il n'en est rien puisque des grandeurs jointes ensemble ne peuvent pas constituer un corps parce qu'elles se dissiperont dans les mêmes points. C'est ainsi qu'un nombre infini de points mathématiques se dissipera dans un ensemble de points ajoutés les uns aux autres et cet ensemble étant encore un point mathématique est, en tant que tel, indivisible tandis qu'un corps est, lui, divisible. En définitive, un point mathématique n'est rien puisqu'il n'est qu'une entité imaginaire. »

Ainsi, le point mathématique n'a-t-il aucune « existence positive ». Tout au plus, peut-on lui en prêter par hypothèse de l'esprit. Tel procède Newton dans le même passage des *Quaestiones* où il s'interroge sur la nature de la matière primitive. Ici, l'assignation d'une certaine réalité physique aux points mathématiques n'a pour fin [66] que de favoriser la représentation des « atomes » en leur indivisibilité :

> « Pour faciliter cette conception de la nature des atomes, à savoir, comment ils sont indivisibles, étendus, quelle est leur forme, etc., j'établirai, tout au long, une analogie avec des nombres, en comparant les points mathématiques à des chiffres, l'étendue indivisible à des unités ; la divisibilité ou la quantité composée au nombre, c'est-à-dire une multitude d'atomes à une multitude d'unités. Supposez ainsi qu'un nombre de points mathématiques fût doté d'un pouvoir tel que les points ne pussent pas se toucher ni être en un lieu donné (s'ils se touchaient, en effet, ils se toucheraient tous les uns les autres et seraient en un lieu donné). Ajoutez ensuite ces points ensemble pour former une ligne telle que chaque point ajouté aux autres étende la longueur de la ligne. En effet, il ne peut disparaître dans le lieu occupé par le précédent point ni le toucher et ainsi il se formera une ligne qui aura des parties extérieures les unes aux autres ; on ne peut pas non plus ajouter un autre de ces points au milieu de cette ligne car cela impliquerait que les points précédents n'étaient pas aussi près que

65. *Quaestiones, op. cit.,* p. 1, 1) c'est la première possibilité proposée. Les trois autres étant : « or Mathematicall points & parts : or a simple entity before division indistinct : or individualls i.e. Attomes ». Westfall souligne que ces possibilités et la discussion qui suit sont inspirées de la *Physiologia Epicuro-Gassendo-Charletoniana* de Walter Charleton. (*Force in Newton's Physics*. Newton and the concept of force, p. 327).

66. *Idem,* p. 64. Ce dernier passage a été barré par l'auteur mais la fin de cette argumentation qui développe les mêmes idées, elle, ne l'est pas.

> possible les uns des autres mais qu'ils pouvaient encore être rapprochés mutuellement. Par conséquent, la distance entre tous les points est la moindre possible et aussi petite que peut l'être un atome sans l'être moins. Que cette distance soit indivisible (et que le soit aussi la matière contenue en elle) en est désormais rendu évident. »

Autrement dit, la matérialisation des points mathématiques permet seulement de « concevoir » l'étendue d'un atome, soit ce qui remplit l'indivisible distance entre deux points qui, étant matérialisés, se touchent et occupent chacun un lieu déterminé de l'espace. Mais, que l'on ne se prenne pas au jeu, avertit immédiatement Newton :

> « Je ne serais dans l'erreur ici que si je pensais qu'un point ou un chiffre fut réellement capable de recevoir la puissance (de résister à la conjonction avec d'autres). Mais, j'ai seulement pensé que c'était une supposition plus facile à concevoir, compte tenu de la fin qu'on se proposait et c'est la raison pour laquelle j'ai risqué une telle supposition, tout en restant conscient de l'impossibilité pour un point d'être tel mais non d'être conçu tel... »

Ainsi, la thèse de la possibilité de la divisibilité sans fin de l'espace est-elle déjà soutenue en ce texte, comme plus tard dans le *De Gravitatione.* Parce que les limites des parties de l'espace, telles que les points, les lignes, les surfaces et toutes sortes de figures, sont des grandeurs n'occupant à proprement parler aucun espace, on en peut concevoir en l'espace même autant que l'on en veut. Par où cette référence aux *Quaestiones* fait saillir toutes les implications de la première propriété de l'espace, telle qu'elle est posée dans le *De Gravitatione.* Elle en atteste en même temps la constance.

De surcroît, la même référence aux *Quaestiones* rend plus sensible le cheminement qui a pu conduire Newton dans la « croyance » selon laquelle l'espace a été sphérique avant d'être occupé par la sphère, de manière à pouvoir la contenir. Tout se passe en définitive comme si l'espace avait une sorte de constitution géométrique ou tout au moins le rendant apte à soutenir n'importe quelle forme de figure géométrique. Il en est ainsi précisément parce que l'on peut légitimement croire (ou *conceive*) que ses constituants peuvent être comparés à des points mathématiques dotés de puissances [67].

67. Il faut avouer que cette « conception » de la nature de l'espace tirée des points mathématiques n'est pas plus claire dans le *De Gravitatione* qu'elle ne l'était dans

La seconde propriété met en lumière l'« infinité » de l'espace inscrite au creux de la notion de « terminus » ou limite. En effet, rappelons-le, qu'est-ce qu'une borne sinon la négation de l'espace ultérieur ? C'est sans doute de ce concept aristotélicien repris par Barrow que Newton tire l'idée de l'infinité réelle ou en acte de l'espace.

Examinons de près l'exemple donné à l'appui de cette idée. Soit un triangle ABC dont la base BC et l'un des côtés AB sont fixes et le troisième côté AC mobile, à son intersection avec la base : les deux côtés s'écartent progressivement jusqu'à devenir parallèles. Quel est le « dernier point » de concours de ces côtés ?

De fait, au fur et à mesure où le côté AC se déplace autour de C, le point A, à l'intersection des côtés AB et AC décrit lui-même la droite sur laquelle est prise le côté fixe AB.

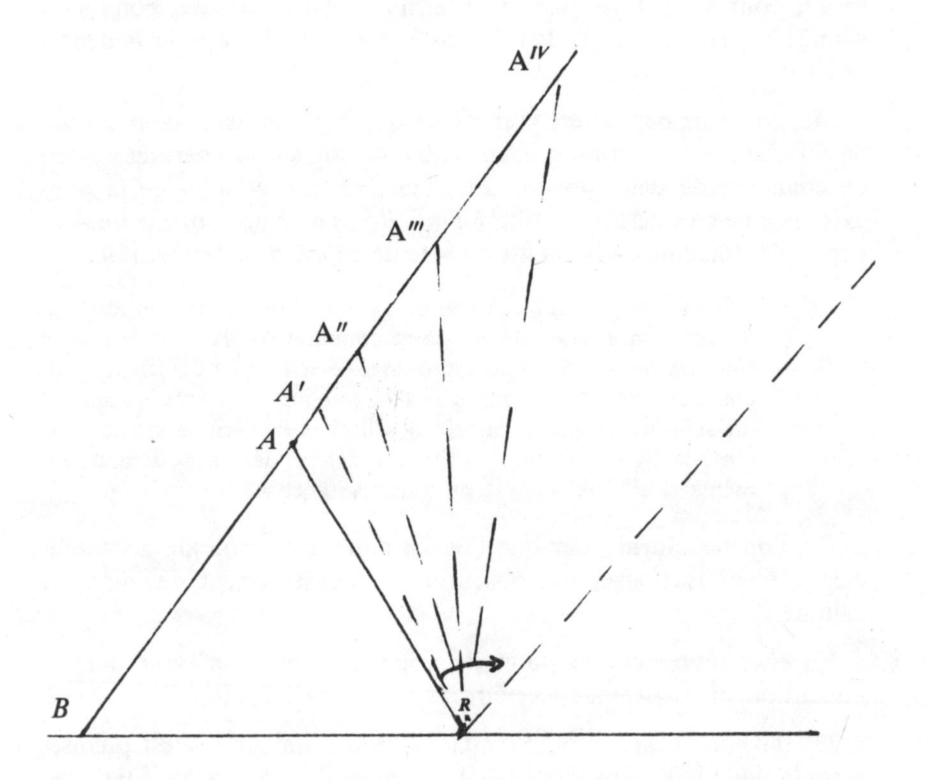

les *Quaestiones*. On n'en trouve plus de trace d'ailleurs dans les écrits de la maturité.

Il en est ainsi tout au moins jusqu'à ce que le côté mobile AC, qui fait décrire au point A la droite prolongeant le côté AB, devient parallèle à ce même côté. Or, ce faisant, on ne peut admettre qu'il y ait un « dernier point », strictement parlant. Peut-être est-il permis de voir là les prémisses des réflexions sur la notion de « limite » au Livre I des *Principia Mathematica* : une quantité « dernière » n'est pas une quantité déterminée en grandeur.

> « Il existe, écrit alors Newton en 1687 [68], une limite que la vitesse peut atteindre à la fin du mouvement mais qu'elle ne peut jamais dépasser. Cette limite est la « dernière vitesse ». Il en est de même pour la limite de toutes les quantités et proportions qui commencent et cessent ».

Autrement dit, le « dernier » point de concours des côtés AB et AC serait, pour s'exprimer dans une terminologie ultérieure, comme la « limite » vers laquelle tendent ces côtés sans jamais pouvoir la dépasser.

Mais, l'on ne peut guère voir mieux que des prémisses de la notion de « limite », nous semble-t-il, en cette réflexion sur le « dernier » point de concours de deux droites. En effet, Newton conclut de la non-existence de ce « dernier » point à *l'infinité en acte* de la droite où A se déplace et bien plus à la réalité en acte de ce même « dernier point » :

> « Si un triangle est tracé « en acte », dit-il, ses côtés sont toujours dirigés « en acte » vers un point commun où ils concoureraient tous les deux s'ils étaient prolongés ; et [donc] un tel point de concours des côtés prolongés sera toujours « en acte », même si on suppose ce point au-delà des limites du monde sensible ; et ainsi la ligne que tous ces points déterminent sera « actuelle », même si elle va au-delà de toute distance ».

Or, l'on ne saurait nier que l'usage d'une terminologie aristotélicienne vient fâcheusement obscurcir le pressentiment de l'idée de « limite ».

En effet, comment le point de concours peut-il n'avoir aucune dimension ni « existence » et être cependant « en acte » ?

De fait, que l'espace infini soit réel et non imaginaire est précisément la thèse indispensable à l'établissement de la science mécanique.

68. *Les Principia de Newton, op. cit.*, note 12, pp. 100, 101.

En effet, si l'espace n'est pas *réellement* infini, comment repérer les lieux remplis par les corps, au cours de leurs mouvements ?

Cela étant, que l'idée de l'infinité réelle et positive de l'espace soit l'un des principes fondateurs de la science mécanique découle très logiquement de la double analyse critique des fondements de la physique cartésienne. Mais, comment comprendre l'accord de cette idée avec celle selon laquelle il n'y a pas de « dernière » grandeur qui soit donnée ?

La précision relative à la positivité de l'infini par rapport à l'infini cartésien permet de mieux comprendre la difficulté.

En effet, écrit Newton :

> « [69] la limite ou le terme est une restriction ou une négation d'une plus grande réalité ou d'une plus grande « existence » dans le cas d'être limité ; et moins nous concevons un être comme contenu en des limites, plus nous comprenons que quelque chose lui est attribué, c'est-à-dire plus nous le concevons positivement. »

Autrement dit, l'espace est positivement infini, car son infinité est la négation d'une négation. Or, c'est bien explicitement en un sens mathématique que le mot « limite » est employé cette fois puisque, dit l'auteur, « les géomètres connaissent avec précision les quantités positives et finies de très nombreuses surfaces infinies en longueur ». Cette référence, soulignons-le, est beaucoup plus pertinente que la précédente à l'appareil scolastique. Il est fait désormais explicitement mention de la quadrature de courbes réalisées par les mathématiciens de l'époque, tels, sans doute, de celle du cercle réalisée en 1655 par Wallis dans l'*Arithmetica Infinitorum*.

Mais, ce faisant, la référence même à ces quantités positives du « calcul infinitésimal » souligne une indéniable contradiction, dans la pensée du jeune Newton, qui d'ailleurs disparaîtra ultérieurement. En effet, que sont ces quantités positives (au sens non algébrique du terme bien sûr) sinon précisément ce que Newton appelle [70] au Lemme XI du Livre I des *Principia*, les « limites » ?

> « ... comme la limite (de toutes les quantités et proportions qui

69. *Cf.* p. 40 de ce livre.

70. Les *Principia de Newton, op. cit.*, note 12, p. 101.

> commencent et cessent) est certaine et définie, c'est un problème réellement géométrique que de la déterminer ».

Or, ici, la « limite » est reconnue comme négative en tant que négation de réalité alors que précisément, même si elle n'est pas dénommée ainsi, c'est bien de cela qu'il est déjà question dans les calculs de quadrature des courbes. Au contraire, l'infini est jugé positif en tant que négation de cette négation. Il y a donc une indéniable contradiction à accorder la positivité et l'actualité à l'infini de l'espace, sur la foi du calcul de quadrature. Ainsi, cette contradiction s'explique en ce que Newton joue sur deux sens du mot « limite », l'un philosophique et l'autre mathématique. Or, seul le premier sert sa démonstration de l'infinité *réelle* de l'espace, le second aurait dû conduire à un tout autre mode d'argumentation. Peut-être, le combat que livre Newton sans pitié à Descartes l'a-t-il ici ébloui. L'infinité réelle de l'espace vient bien contredire, en effet, la conception cartésienne de l'infini :

> « Il est très vrai de dire, reconnaît Descartes [71], que nous ne concevons pas l'infini par la négation du fini ; ... Et lorsque j'ai dit... qu'il suffit que nous concevions une chose qui n'a point de limites pour concevoir l'infini, j'ai suivi en cela la façon de parler la plus usitée ; comme aussi lorsque j'ai retenu le nom d'*être infini,* qui plus proprement aurait pu être appelé l'*être très ample,* si nous voulions que chaque nom fût conforme à la nature de chaque chose... ».

Bien plus, l'infinité positive de l'espace ne saurait être assimilée à une indéfinité neutre. Cette fois, Descartes est directement visé qui distingue l'infinité de Dieu de l'indéfinité de l'étendue :

> « Ne regardez point comme une modestie affectée, mais comme une sage précaution [72], lorsque je dis qu'il y a certaines choses plutôt indéfinies qu'infinies ; car il n'y a que Dieu seul que je conçoive positivement infini... [En] disant que [la matière] est étendue d'une manière indéfinie, je dis qu'elle s'étend au-delà de tout ce que nous pouvons concevoir ».

Il ajoute même [73] :

71. Lettre à (l'hyperaspites), août 1641, 6) p. 45, *op. cit.*

72. *Descartes à Morus,* 5 février 164 9, 4, p. 121, *op. cit.*

73. Lettre du 5 février, 4), p. 121, *op. cit.*

« Pour lever tous vos doutes, lorsque je dis que l'étendue de la matière est indéfinie, je crois que cela suffit pour empêcher qu'on ne s'imagine un lieu au-delà d'elle, où les petites parties de mes tourbillons puissent s'échapper ; car quelque part où l'on conçoive ce lieu-là, il y a selon moi quelque matière, parce qu'en disant qu'elle est étendue d'une manière indéfinie, je dis qu'elle s'étend au-delà de tout ce que nous pouvons concevoir ».

La difficulté cette fois n'est plus que « grammaticale », note ironiquement Newton, car l'indéfini est non ce qui est en acte mais un futur possible : or, la matière conçue par Descartes est bien plutôt infinie qu'indéfinie.

De fait, le fond du problème posé par le « Philosophe » est situé ailleurs qu'en grammaire et Henry More le produit en pleine lumière, en évoquant l'étendue divine. C'est qu'à la vérité Descartes ne saurait admettre que Dieu est fait de parties [74] comme la matière elle-même. Newton le reconnaît [75] fort clairement et conclut :

« je vois bien ce que Descartes a craint : s'il posait l'espace comme infini, il lui donnerait peut-être le statut de Dieu à cause de la perfection de l'infinité ».

Mais est-il possible d'assigner l'infinité à l'espace sans confondre par là-même Dieu et l'espace ? La réponse ne manque pas de subtilité : l'infinité n'est pas une perfection en soi, elle tient sa perfection de son objet. Si donc l'espace est infini, il n'est pas pour autant confondu avec Dieu même, selon Newton.

La troisième propriété de l'espace est intimement solidaire des deux premières. En effet, ayant admis sur des « preuves » erronées l'infini en acte de l'espace et reconnu son infinie divisibilité, Newton

74. Voir par exemple lettre du 5 février 1649, *op. cit.*, p. 121. A la suite du texte que nous avons cité p. I, Descartes ajoute :

« Cependant, je crois qu'il y a une grande différence entre l'amplitude (ou la grandeur) de cette étendue corporelle et celle de Dieu que je ne nomme point étendue parce qu'à proprement parler il n'y en a point en lui, mais seulement (immensité) de substance ou d'essence, c'est pourquoi j'appelle celle-ci simplement infinie et l'autre indéfinie ».

Le mot de liaison « cependant » trahit curieusement les barrières que l'auteur entend dresser face à toute assimilation intempestive de l'« étendue matérielle » et l'« immensité divine ».

75. *Cf.* p. 42 de ce livre.

assigne désormais l'immobilité [76] aux parties de l'espace. Il ne peut en être autrement car, si elles se mouvaient dans l'espace, comme elles sont des parties de l'espace elles-mêmes, ou bien elles emporteraient l'espace avec elles comme les corps cartésiens ou bien il faudrait forger un autre espace comme support de leur mouvement. Il en est de même des parties de la durée dont l'ordre de succession est immuable : elles ne sauraient avoir d'autre « principe d'individuation » que cet ordre même.

Certes, on trouve déjà cette conception chez Barrow [77] qui à la *Lectio* X prend grand soin de distinguer, contre Descartes, la « grandeur » mobile de l'espace comme « capacité de recevoir les corps », et plus nettement encore chez Henry More.

> « Dieu est éternel, dit-il [78] à Descartes, c'est-à-dire la vie divine embrasse... l'ordre des choses passées, futures et présentes : cependant cette vie éternelle est présente à tous les instants du temps et les suit pas à pas en sorte qu'on peut dire avec justice et vérité que Dieu jouit de son éternité depuis tant de jours, de mois et d'heures...
>
> Il est donc manifeste qu'outre l'éternité infinie la succession de durée convient encore à Dieu... ».

De fait, si cette conception dans le sillage de laquelle s'inscrivit le *De Gravitatione* a l'avantage de donner à Dieu un rôle possible à l'égard du monde, elle n'est pas sans difficulté. En effet, la tradition religieuse a assigné depuis longtemps à Dieu l'immobilité et l'infinité dans l'espace et le temps, comme autant de perfections.

Mais, si ces qualités ne tiennent leur perfection que de l'objet auquel elles s'appliquent, comme le prétend Newton, que peut-on dire désormais de Dieu en-dehors de ces qualités-mêmes ? En quoi consiste donc la perfection divine, conçue ou imaginée par un humain ? Et si elle n'est ni concevable ni imaginable, n'est-elle pas une pure illusion ainsi que l'objet auquel elle s'applique ? Voilà des questions que

76. On retrouverait par exemple aussi chez Jean Philopon une conception de l'espace assez proche de celle-ci. *Cf.* : J. Philopon. *In Aristotelis Physicorum libras quinque posteriores commentaria,* 1888, p. 567.

77. *Op. cit.,* note 51.

78. Lettre du 5 mars 1649, p. 139, *op. cit.*

le jeune critique de Descartes, élève de Barrow et admirateur de More, se garde bien de soulever ici !

La quatrième propriété est — semble-t-il — un emprunt direct à Henry More :

> « ... je nie, dit-il à Descartes [79], que l'étendue convienne au corps en tant que corps, mais seulement en tant qu'être, ou du moins en tant que substance ».

Ainsi, tout être, s'il est, doit être soit quelque part s'il est limité soit partout s'il est Dieu : un être qui n'a pas d'*ubi* n'a pas non plus d'*esse*. De même, en ce qui concerne le temps : un être qui n'a pas de *quando* n'a pas non plus d'*esse*. Cela étant, poser l'espace et la durée comme des « effets émanant d'un être qui existe à titre premier » n'est pas sans ambiguité. Car, si l'espace et la durée sont des « effets » de Dieu, comment peuvent-ils à ce titre être modulés ou réglés à la perfection de tel ou tel être ? Il faut bien reconnaître que cette « émanation » n'est guère moins mystérieuse que la création elle-même.

Mais encore, en quoi l'espace propre à Dieu se distingue-t-il de celui des autres êtres ? Assigner à Dieu les attributs d'espace et de temps, n'est-ce pas lui conférer par là-même des « parties divisibles » comme celles des corps finis ? La première réponse produite par Newton renvoie l'écho de la difficulté soulevée par la conjonction des deux premières propriétés de l'espace : la divisibilité à l'infini laisse entrevoir — rappelons-le — la notion mathématique de « limite » telle qu'elle est analysée dans les *Principia* ; la réalité de l'infinité de l'espace, au contraire, s'appuie sur la notion philosophique de « limite », en dépit des références mathématiques produites pour la justifier. Or, il semble évident que Newton ne s'est pas résolu à choisir entre ces deux concepts puisqu'il revient maintenant aux implications de la première propriété, en affirmant la « non divisibilité » en acte des espaces. Mais, comment la pratique d'un vocabulaire ambigu pourrait-elle tenir lieu de preuve ?

La seconde réponse produite pour soutenir la distinction entre l'espace divin et celui des corps n'est pas plus évidente : tout être a sa manière d'être dans l'espace et le temps. Ainsi, les corps sont impénétrables tandis que Dieu, en tant qu'étendu, peut pénétrer en toute

79. Lettre de Morus à Descartes, 5 mars 1649, p. 137, *op. cit.*

chose. Là encore, on retrouve, à peu de choses près, l'argumentation développée par More à l'encontre de Descartes :

> « Vous définissez la matière ou le corps d'une manière trop générale, car il semble que non seulement Dieu, mais les *anges* mêmes et toute chose qui existe par soi-même, est une chose étendue ; en sorte que l'étendue paraît être enfermée dans les mêmes bornes que l'essence absolue des choses, qui peut néanmoins être diversifiée selon la variété des essences mêmes. Or, la raison qui me fait croire que Dieu est étendu à sa manière, c'est qu'il est présent partout, et qu'il remplit intimement tout l'univers et chacune de ses parties ; car, comment communiquerait-il le mouvement à la matière, comme il a fait autrefois, et qu'il le fait actuellement selon vous, s'il ne touchait pour ainsi dire *précisément* la matière, ou du moins s'il ne l'avait autrefois touchée ? Ce qu'il n'aurait certainement jamais fait s'il ne se fût trouvé présent partout, et s'il n'avait rempli chaque lieu. Dieu est donc étendu et répandu à sa manière ».

Quelle est cette « manière » comparée à celle des corps ?

> « [En l']impénétrabilité, répond More [80], laquelle consiste à ne pouvoir pénétrer les autres corps, ni à en être pénétré : de là cette différence manifeste entre la nature corporelle et la nature divine. Celle-ci peut pénétrer les corps, et l'autre ne se peut pénétrer soi-même... ».

D'où, en passant, la définition du corps par l'impénétrabilité et non par l'étendue, la première propriété ne convenant qu'au corps alors que la seconde convient aussi à Dieu.

Mais une telle réponse n'est-elle pas davantage une « position » de repli devant les difficultés à résoudre ? En effet, si l'espace et le temps sont consubtantiels à l'être, comment comprendre qu'ils peuvent être soit finis ou soit infinis selon le genre d'être qui en dispose. L'alternative nous semble être celle-ci : ou bien ces « attributs » sont aussi généraux que l'être et sans propriétés bien spécifiques et dès lors ils se confondent avec l'être même bien loin d'en être les attributs ; ou bien s'ils peuvent être soit finis soit infinis, on ne peut plus que reconnaître une radicale différence entre l'espace et le temps du monde et ceux de Dieu et revenir ainsi aux positions cartésiennes. Peut-être, cette alter-

80. *Id.* Lettre de Morus à Descartes, p. 141.

native aurait été levée si Newton s'était davantage expliqué sur sa thèse émanantiste.

Par suite, puisque l'espace est divisible, infini et immobile, il peut ainsi servir de support aux états de mouvements et repos des corps et permettre d'effectuer des mesures à propos de ces états. La définition du mouvement vrai est donc inversée par rapport à celle de 1644. Désormais, en effet, le mouvement vrai se rapporte aux parties de l'espace ou lieux, en tant qu'immobiles. Remarquons en passant que le « lieu relatif » n'est pas distingué du « lieu vrai » ni davantage le « mouvement relatif » du « mouvement vrai », comme ce sera le cas dans les *Principia Mathematica.* Seuls, sont distingués le mouvement vrai et le « pseudo-mouvement » – celui que définit Descartes à l'article 25 des *Principes* – et dont découlent les conséquences les plus absurdes. Un tel mouvement ne saurait donc être pris pour principe fondateur de la science mécanique. Ainsi, ce faisant, Newton n'a, semble-t-il, pas encore conscience des difficultés considérables posées par la mesure des *vrais* mouvements et du rôle joué à ce sujet par ce qu'il appellera, en 1687, le « mouvement relatif » et qui n'est autre que le transport d'un lieu relatif à un autre. Tous les problèmes fondamentaux posés par la mesure de mouvements des corps sont donc loin d'être appréhendés dans le *De Gravitatione.* Il est vrai que le texte est de caractère essentiellement épistémologique et que de tels problèmes surgissent davantage de la pratique scientifique.

Par ailleurs, il est fait référence, pour illustrer le caractère de cadre de mesure du mouvement assigné à l'espace, à une thèse fort prisée, à l'époque, de Gassendi [81] ou Boyle [82] : celle du vide et des corpuscules. Mais, Newton ne précise pas s'il admet celle-ci dans son entier ou s'il estime devoir la raffiner pour l'adapter aux exigences de la science mécanique. Les corpuscules qu'il évoque sont-ils conçus ou non comme strictement indivisibles ? La très longue réflexion des *Quaestiones* sur ce sujet qui ne connut d'ailleurs aucun aboutissement pourrait faire penser que Newton n'estime pas essentiel de prendre position sur ce sujet, compte tenu de son projet. Remarquons d'ailleurs que la référence à la thèse sus-dite n'est pas présentée comme déter-

81. Gassendi, Syngtama Philosophica Epicuri, Partie 2, Section I, Chapitre I, Paris, 1659.

82. Boyle, The sceptical Chymist, Section I et II, pp. 261 à 294, in The Philosophical works of Boyle, Volume 3, Londres, 1725.

minable dans l'économie de l'argumentation. En effet, pour rendre manifeste la possibilité de rapporter les mouvements à l'espace défini par les quatre propriétés précédentes, on peut aussi, dit Newton, « (prêter) attention » à ce qui a été dit du mouvement. Il est donc bien clair que la définition newtonienne de l'espace est, en sa structure, tributaire des exigences de mesure du mouvement, propres à la science mécanique, tout en étant spécifié en son contenu par les références culturelles de l'époque.

Enfin, parce qu'il est un effet émanant de Dieu (quatrième propriété), l'espace est éternel et immuable [83]. Sans doute, ces propriétés spécifiques, infinité, immobilité, éternité doivent-elles beaucoup aux études aristotélico-scolastiques [84] de Newton à Cambridge. En effet, transparait en elles l'opposition aristotélicienne entre ce qui est mobile et altérable et ce qui est immobile et incorruptible. Cette opposition demeure d'ailleurs dans tous les écrits ultérieurs, témoin du profond enracinement de l'auteur dans les structures mentales de son temps. Remarquons, une fois encore, que toutes les perfections traditionnellement attribuées à Dieu, le sont à l'espace et les problèmes inhérents à la thèse « émanantiste » que nous soulignions plus haut se reposent avec une acuité saisissante.

Sans doute, ce concept d'« effet émanant » est-il emprunté à More qui écrit [85] dans *The Immortality of the Soul* :

> « L'effet émanant coexiste avec la véritable substance de ce qui lui est assigné pour cause. Il faut qu'il en soit ainsi parce que cette

83. On retrouve la même démarche chez Gassendi : *cf.* Syngtama Philosophica Epicuri, *op. cit.*, Chapitre 2. « (Esse Universum infinitum, immobile, immutabile)... Jure... habetur universum, ut immobile, prout extra illud nullus locus est, in quem emoveatur ; sic et immutabile, quatenus neque decrementum, neque incrementum accipit, & ortu, interituque caret ; ac aeternum proinde est, sive durationis principium finemque non habet » (pp. 91, 92).

84. Dans le manuscrit consacré à une réflexion sur l'Organon, et donc antérieur au De Gravitatione, Newton trace un schéma fort complexe où sont situés hiérarchiquement les différentes espèces d'êtres et de modes d'êtres, dont, précisément, le « corruptible » et l'« incorruptible ». Nous en produisons la traduction en annexe, en conservant fidèlement le dessin de l'auteur (voir p. 186).

85. *The Immortality of the Soul, op. cit., Axiome* XVII, p. 28, Chap. 6, livre 1. D'une manière générale, toutes les propriétés de l'espace énoncées par Newton sont énoncées et discutées par More dans l'*Enchiridium Metaphysicum,* Chap. 5, pp. 155 et ss., *Partie* 1.

véritable substance qu'on assigne pour cause... n'exige rien de plus que son essence pure pour que l'effet soit produit ; et par conséquent, il en résulte que l'effet est en tout temps, qu'il doit être en tout temps, ou aussi longtemps qu'existe cette substance. »

Or, qu'implique un tel concept sinon qu'entre l'étendue et Dieu il n'y a aucune activité qui s'interpose. Ainsi, en tant que telle, l'étendue ne peut ni être confondue avec Dieu, ni en être distinguée comme si elle avait été créée. Mais, ce faisant, la définition de l'émanation est toute négative et il est difficile d'être convaincu de son pouvoir d'explication. Quoiqu'il en soit, ce n'est pas au sens thomiste du mot que s'exprime ici Newton. Thomas d'Aquin, en effet, identifie émanation et création dans la *Somme théologique* :

« l'émanation de tout l'être, procédant de l'agent universel, qui est Dieu..., écrit-il [86], est ce qu'on désigne sous le nom de création ».

Pour étayer l'éternité de l'espace, Newton produit une « preuve par l'absurde ». Ainsi, on peut remarquer que les arguments développés à cette fin se trouvent sous la plume de Henry More [87] ou de Barrow [88]. En effet, dire que l'espace aurait pu ne pas exister ou pourrait ne pas exister, c'est dire que Dieu dont il est l'effet émanant aurait pû ou pourrait ne pas exister puisqu'il n'aurait pas eu d'*ubi*. Que faut-il en conclure sinon que l'espace n'a pas été créé avec les corps, comme l'admet Leibniz par exemple, et qu'il ne tient pas sa réalité du corps qui l'occupe : autrement dit, « s'[il] est vide de corps, il n'est cependant pas vide de lui-même ». On touche là au cœur même de la joute Newton-Descartes : le rapport entre l'espace et le corps. L'espace sans corps doit exister, poursuit l'auteur, car s'il n'existait pas, il faudrait admettre que Dieu a créé en même temps l'espace et le monde et qu'il l'anéantira en même temps. Mais comme il a lui-même un *ubi*, il a dû se créer lui-même et devra s'anéantir : ce qui est une contradiction *in subjecto*. Soulignons au passage qu'on retrouve la même preuve généralisée sous la plume de More [89] :

86. Thomas d'Aquin. *Somme Théologique*. Trad. Sertillanges. La création, 1[a], Question 45, (De la manière dont les choses émanent du premier principe), article 1, p. 30. Ed. Desclée, 1963.

87. Correspondance avec Descartes, 5 mars 1649, p. 136.

88. Barrow, *op. cit., Lectio* X, pp. 154, 155.

89. *Op. cit.*, 5 mars 1649, p. 135.

> « si Dieu anéantissait l'univers, et qu'il en créât un autre de rien, longtemps après, cet inter-monde ou cette privation du monde aurait sa durée, dont la mesure serait un certain nombre de jours, d'années, ou de siècles. Il y a donc la durée d'une chose qui n'existe point, laquelle durée est une espèce d'extension ; et par conséquent l'étendue du néant, c'est-à-dire du vide, peut être mesurée par aunes ou par lieues, comme la durée de ce qui n'existe point peut être mesurée dans son inexistence par heures, par jours et par mois ».

Un fait est sûr : c'est que les conceptions successives de l'espace et du corps dessinées pour satisfaire aux exigences de fondation de la science mécanique sont justifiées, en leur contenu, par les valeurs philosophiques et religieuses en vogue, dans la seconde moitié du XVIIe siècle anglais.

I.1.4. *La Nature Corporelle*

I.1.4.1. L'étendue étant désormais distinguée du corps, les définitions de l'un et de l'autre ne peuvent plus être confondues. La nature corporelle fait donc l'objet d'une étude propre.

A la différence de l'étendue, le corps n'est pas un « effet émanant de Dieu », « nécessaire » : il n'est que « contingent » et, à ce titre même dépendant de la volonté divine et donc aussi plus difficile à connaître. Car, souligne Newton, « il ne nous est pas permis de connaître les limites de la puissance divine..., nous ne savons pas si la matière a pû être créée d'une seule façon ou s'il existe plusieurs façons de produire des êtres différents les uns des autres et pourtant tout à fait semblables à des corps ». L'argument, rappelons-le, est très classique dans toute la philosophie chrétienne : des êtres finis ne sauraient décider des limites de la puissance d'un être en soi parfait. En conséquence, la méthode d'appréhension de la nature corporelle ne peut être qu'approximative : on ne pourra pas dire ce qu'est cette nature, mais « décrire plutôt un certain genre d'êtres en tout point semblables à des corps dont nous ne pouvons pas dire avec certitude qu'ils ne sont pas des corps ».

Selon quels critères de « certitude » peut-on connaître un peu ce qui dépend de la volonté divine ? L'argumentation qui suit produit ces critères. En effet, se demande l'auteur, Dieu pourrait-il créer des êtres tout à fait semblables aux corps mais en les dotant d'une « constitution » radicalement autre que celle « essentielle et métaphysique » des corps que l'expérience nous révèle ? Une « preuve par l'absurde » est développée à ce propos pour démontrer que cette hypothèse est incohérente et que tout être se comportant tel un corps doit en avoir nécessairement la « constitution essentielle et métaphysique ». Il nous restera à déterminer au terme de cette « preuve » ce que valent les critères qui l'ont établie comme telle.

De fait, cette preuve n'est pas sans ambiguïté. C'est ainsi que Newton compare le pouvoir que l'homme a de mouvoir son corps par sa seule volonté avec celui que Dieu a de mouvoir n'importe quel corps et même de créer une région d'impénétrabilité en l'espace par ses seules volonté et pensée, c'est-à-dire une région présentant la caractéristique fondamentale du corps : qu'il soit permis ici de soulever une objection. L'auteur vient de soutenir qu'il est en dehors de notre pouvoir de connaître le contingent, tels les corps, et qu'en conséquence il faut se contenter de décrire des êtres semblables aux corps, tels que nous les appréhendons par l'expérience. Mais, l'introduction d'une relation de similitude, telle qu'elle est mise en œuvre en cette argumentation, conduit peu ou prou à une sorte de « cercle vicieux ». En effet, tout se passe comme si des propriétés étaient admises comme certaines pour les corps de « constitution essentielle et métaphysique », (dont on dit cependant qu'on ne les pouvait connaître) puis attribuées à des « êtres semblables » à ces corps ; enfin, on en infert que ces êtres sont des corps. Le paralogisme nous semble tout à fait inévitable.

Par ailleurs, mettre sur un plan identique, le pouvoir que l'homme a de mouvoir son corps et celui que Dieu a de mouvoir n'importe quel corps, et même de créer des régions d'impénétrabilité et de réflexion de la lumière dans l'espace qui auraient donc la propriété fondamentale de corps, n'est pas sans danger. En effet, c'est laisser supposer que Dieu est à l'égard des corps dans la même relation que l'homme à l'égard de son propre corps. Cependant, Newton critique dans les pages qui suivent la conception de Dieu comme âme intramondaine [90] : une telle thèse supposerait, en effet, que Dieu ait une étendue divisible comme la nôtre.

Tout se passe comme si, en cette détermination « approchée » de la nature corporelle, Newton supposait d'une part sa propre définition

90. Newton en jugera ainsi jusqu'en ses derniers travaux. Le *Scholie Général* des *Principia* (1726) en est la preuve.

des corps et de l'autre l'infinie puissance de Dieu. Associant ensuite l'une à l'autre, il s'achemine vers l'idée que les corps supposés par lui comme ayant telle ou telle propriété, existent effectivement comme dotés de ces propriétés. C'est pourquoi, lorsqu'il dit « pouvoir définir » les corps comme étant « des quantités déterminées d'étendue que Dieu, omniprésent, a pourvues de certaines propriétés », au terme d'une semblable argumentation, il ne peut guère être convainquant.

De fait, la difficulté essentielle à laquelle Newton se heurte tout au long de cette note, vient de ce qu'il met en œuvre deux types de critères, pour asseoir ses définitions. En effet, il a rejeté les principes de la physique cartésienne comme impropres à fonder cette science même, cette impropriété découlant des exigences pratiques de mesure du mouvement et des positions des corps.

Mais, si telles sont les exigences qui ont fait rejeter des principes fondateurs de la mécanique, on aurait pu s'attendre à ce qu'elles président aussi à justifier le contenu d'autres principes. Or, tout au contraire, Newton place maintenant au premier plan, pour déterminer le contenu des définitions des exigences qu'il n'avait pas précédemment posées comme déterminantes pour le rejet des définitions cartésiennes. Ainsi, le combat contre Descartes qui était dans la première partie du texte, un combat authentiquement épistémologique, « vital » en quelque sorte pour la science mécanique devient soudain purement « idéologique », pour emprunter un terme moderne. Désormais, la question semble être non plus de *fonder* la mécanique sur des principes véritablement fondateurs mais de *justifier* des principes estimés tels à l'œuvre des critères mécaniques, en les rapportant à des préconceptions métaphysiques et religieuses autant invérifiables qu'irréfutables. Ainsi, en cette deuxième partie de la « note » accompagnant les quatre premières définitions de la mécanique newtonienne, l'argumentation prête le flanc à la critique d'arbitraire : l'auteur, sous couvert de fonder véritablement la science mécanique, n'aurait-il pas tout simplement entrepris dans le *De Gravitatione* de substituer une métaphysique à une autre ?

Cependant, il ne faut pas perdre de vue non plus que la « métaphysique » newtonienne s'est imposée au terme de la critique des Principes cartésiens comme seule apte à justifier les principes fondateurs de la mécanique. Dès lors, le reproche qu'encourt ici Newton viserait plutôt son désir de prouver maintenant la vérité nédessaire de tels principes. Autrement dit, on peut regretter la démarche qui est implicitement mise en œuvre dans la « note » : puisque, semble supposer Newton, si la distinction de l'espace et du corps permet d'effectuer des mesures du mouvement et des positions des corps, c'est que cette distinction correspond aux desseins mêmes de Dieu. Mais, ce faisant, les justifications paralogiques de cette distinction espace-corps avec toutes ses implications ne remettent pas en cause son efficience à l'égard des concepts fondamentaux de la mécanique. En revanche, ce qui ne peut pas être accordé à l'auteur, c'est la démonstration selon laquelle cette efficience est aussi la vérité nécessaire même et qui viserait à être proposée en la seconde partie de la « note ». Bien plus, il est difficile d'accorder à Newton le mouvement final de l'argumentation d'où sont inférées les propriétés des corps. En effet, dit l'auteur, s'il y avait dans l'espace, tel que je l'ai décrit, infini, immobile, immutable, d'autres espaces offrant des propriétés semblables à celles que possèdent les « corps » (dont il a été dit pourtant que leur contingence rendait leur connaissance « incertaine »), alors ces espaces ne pourraient être que les corps eux-mêmes.

> « S'ils sont des corps, conclut l'auteur, nous pourrons alors définir les corps comme des quantités déterminées d'étendue que Dieu omniprésent, a pourvu de certaines propriétés telles que *1)* » l'immobilité, *2)* l'impénétrabilité et *3)* le pouvoir d'exciter les sens des esprits créés.

De surcroît, le paralogisme de l'argumentation, dont nous avons exposé les raisons, est souligné davantage encore par le recours à une théologie implicite. Il « n'est pas étonnant », dit en effet Newton, que les corps aient de telles propriétés, « puisque la description de l'origine des choses trouve là son fondement ». Ainsi, la distinction espace-corps qui avait été posée comme pouvant seule *fonder* la science mécanique est désormais posée ici, du point de vue métaphysique, comme en accord avec la nature et la volonté divines. Est-il besoin de souligner que l'argumentation métaphysique n'ajoute rien à celle épistémologique développée à la première partie de la « note », où se dessinaient en filigrane les exigences propres à l'établissement de ce que l'on pourrait appeler aujourd'hui une « théorie physique » ? De surcroît, il est bien difficile, à défaut de plus ample précision de l'auteur, d'identifier ce qu'il faut entendre par « origine des choses ». Newton s'est toujours beaucoup intéressé à la théologie et notamment à la *Genèse,* sur laquelle il a laissé diverses réflexions. Ainsi, une longue lettre à Burnett [91] écrite en 1680 témoigne de l'intérêt porté à « la description de la création » par Moïse :

> « On pourrait supposer qu'après que notre Chaos (celui dont notre Terre est sortie) fut distingué du reste (du monde), il se rétrécit, faisant ainsi se rapprocher ses éléments les uns des autres, sous l'effet du même principe qui présida à sa séparation ; la plus grande partie de ce Chaos finit, à force de condensation, par se transformer en eau boueuse ou limon, pour composer le globe terrestre. Le reste qui ne se condensa pas, se sépara en deux parties, les vapeurs allant le plus haut et l'air, qui est de gravité moyenne, se rassemblant entre elles et ce Chaos condensé. Ainsi, ce Chaos fut-il séparé en trois régions : le globe fait d'eaux boueuses en-dessous du firmament, les vapeurs ou eaux au-dessus du firmament, l'air ou le firmament lui-même. »

Mais à quel passage précis de la Genèse se réfère-t-il pour justifier ici les propriétés des corps ? Nous n'en pouvons décider, de par le caractère allusif de la référence newtonienne.

I.1.4.2. Les quelques précisions concernant les êtres semblables au corps ne permettent pas de donner plus de poids aux argumentations « idéologiques » qui les ont fait poser.

Ces précisions découlent de ces argumentations mêmes, et situent celles-ci par rapport à des problématiques traditionnelles dans la scolastique.

Étant admise la définition de ces êtres qui vient d'être posée, dit en effet Newton, il n'est plus besoin d'imaginer désormais que ces êtres sont « dans un sujet » ; ou encore, point n'est besoin d'admettre qu'ils ne sont pas [92] séparés de cette substance qu'est l'« étendue » cartésienne. La définition donnée par Descartes dans les *Secondes Réponses aux Objections* à la *Métaphysique* permet d'éclairer immédiatement le contexte auquel l'auteur s'oppose ici [93] :

> « Toute chose dans laquelle réside immédiatement comme dans son sujet, ou par laquelle existe quelque chose que nous concevons, c'est-à-dire quelque propriété, qualité ou attribut, dont nous

91. *Correspondance* of Newton, II, pp. 331 à 334. January 1680, 1681.

92. Principes, *op. cit.*, II, articles 9, 10, 11.

93. *Œuvres complètes*. Descartes, *op. cit.*, p. 39.

> avons en nous une réelle idée, s'appelle *Substance*. Car, nous n'avons point d'autre idée de la substance précisément prise, sinon qu'elle est une chose dans laquelle existe formellement ou éminemment, ce que nous concevons ou ce qui est objectivement dans quelqu'une de nos idées, d'autant que la lumière naturelle nous enseigne que le néant ne peut avoir aucun attribut réel ».

Mais, pourquoi recourir à une « substance » lorsque l'on admet que les corps n'« existent » pas « par l'étendue » ? Ils n'en sont pas des parties mais ont une entité distincte d'elle, répondant à des propriétés distinctes des siennes. Sans doute, le corps est-il bien formé à partir de l'espace. Mais, d'une part, il est créé de manière distincte de l'espace et sa création même dépend, d'autre part, de la volonté divine. Ainsi « l'étendue et l'acte de la volonté divine suffisent » pour que les corps soient. Corollairement aussi, il est tout à fait inutile d'assigner le rôle de substance à l'étendue [94] : cette problématique aristotélicienne ne sert qu'à occulter tant la nature des corps que celle de l'étendue. Tout au plus, peut-on dire que :

> « L'étendue en laquelle la forme du corps est conservée par la volonté divine joue le rôle de sujet substantiel ; et cet effet de la volonté divine est la forme ou la raison formelle du corps dénommant toute la dimension de l'espace où le corps est amené à l'être ».

Mais, pourquoi dénommer l'étendue « sujet substantiel » ? Descartes, on le sait, n'admettait guère la terminologie de « sujet » pour dénommer les choses, la jugeant trop concrète. Cette réponse à une objection de Hobbes en témoigne [95] :

> « ... J'avoue franchement, répond Descartes à une objection de Hobbes, que pour signifier une chose ou une substance, laquelle je voulais dépouiller de toutes les choses qui ne lui appartiennent point, je me suis servi de termes autant simples et abstraits que j'ai pu, comme au contraire ce philosophe, pour signifier la même substance, en emploie d'autres fort concrets et composés, à savoir ceux de sujet, de matière et de corps, afin d'empêcher, autant qu'il

94. Aristote, Catégories, *op. cit.*, p. 12. « Le caractère commun à toute substance, c'est de n'être pas dans un sujet ».

95. *Cf. réponse aux Troisièmes Objections,* (Objection seconde sur la seconde méditation. De la nature de l'esprit humain) de *Hobbes,* p. 402, Œuvres, éd. de la Pléiade.

> peut qu'on ne puisse séparer la pensée d'avec le corps. Et je ne crains pas que la façon dont il se sert, qui est de joindre ainsi plusieurs choses ensemble, soit trouvée plus propre pour parvenir à la connaissance de la vérité, qu'est la mienne, par laquelle je distingue, autant que je puis, chaque chose ».

Si l'étendue newtonienne est « sujet substantiel », c'est que, pour n'être pas la « substance » du corps, elle n'en est pas non plus la « matière » puisque — rappelons-le — elle est un effet émanant de Dieu même. Au contraire, la production de la conservation de la « forme du corps » en l'étendue sont des effets émanant de la volonté divine.

I.1.4.3. Quel degré de *réalité* doit-on désormais assigner à ces êtres semblables aux corps ?

> « Ces êtres ne seraient pas moins réels que les corps et ne pourraient pas moins être appelés substances. En effet, tout ce que nous croyons réel dans les corps, dit Newton, vient de leurs phénomènes et de leurs qualités sensibles ».

Assurément, on peut accorder ici à Newton que de tels êtres jouent le rôle de substances à l'égard de leurs accidents (couleur, figure, etc.) en ce sens que ces accidents peuvent « être dits de » ces êtres et « sont en » eux, au sens aristotélicien de ces expressions.

> « [ces êtres] n'en seraient pas moins des substances puisqu'ils subsisteraient... par Dieu seul et seraient le substrat des accidents. »

Toutefois, on voit mal en quoi l'adoption d'une telle terminologie permet de « préciser » — pour reprendre l'expression newtonienne ci-dessus — la description de la nature corporelle. Le seul apport de cette seconde « précision » concerne le critère de ce qui doit être jugé par nous « réel », à savoir, l'expérience sensible. Mais cependant, du point de vue d'une « philosophie expérimentale », il peut paraître à juste titre ambigu de dénommer « réel » ce qui vient (des) apparences et qualités sensibles des corps.

I.1.4.4. Que la terminologie scolastique apporte plus de confusions que de précision à la définition des « êtres semblables aux corps », apparaît plus obvie encore dans l'analogie tracée entre l'étendue et la « matière première » d'une part, entre la forme que Dieu donne à l'étendue ou corps et la « forme subtantielle » d'autre part : « il y a, écrit Newton, presque la même analogie » entre ces couples.

L'étendue pourtant vient d'être posée comme « sujet substantiel », ni substance à proprement parler, ni non plus matière. Dès lors, pourquoi introduire une terminologie de ce type ?

Si l'on se reporte aux réflexions de jeunesse sur l'*Organon* d'Aristote que nous avons consultées dans les manuscrits de Newton à Cambridge et qui ne sont pas publiées [96] jusqu'à présent, on peut constater que les principes de la physique aristotélicienne sont convenablement cernés. Ainsi, dans la *Physiologiae Peripateticae Contractio,* au Livre I consacré aux « principes, affections et accidents de la nature et des choses naturelles », l'auteur définit [97] les notions de « matière » et de « forme » :

> « La matière [qui est le principe substantiel dont un corps naturel est fait ou est composé] est soit première soit seconde. La matière première est le premier sujet de toute chose à partir duquel tout corps est engendré naturellement par lui et non par accident.
>
> La matière seconde ou prochaine est tangible. La forme est... le principe qui, joint à la matière, donne l'essence et assigne un nom à la chose naturelle... ».

On retrouve donc ici déjà les expressions de « principe substantiel » et de « sujet » dont Newton fait usage dans le *De Gravitatione* pour mettre en lumière le rôle de l'étendue dans la production des corps : « l'étendue [98] en laquelle la forme du corps est conservée par la volonté divine, joue le rôle de sujet substantiel ».

Un peu plus loin le contenu de la « forme substantielle » notion également référentiée dans le *De Gravitatione,* est explicité comme suit [99] :

> « La forme est indivisible. [Elle est] soit substantielle, soit accidentelle... Aucune forme substantielle n'est divisible en degrés,

96. West fall en cite certaines dans les ouvrages qu'il a consacrés à la science newtonienne (*cf.* « Force in Newton's Physics, C.U.P. ou Never at rest - A biography of I. Newton, C.U.P.).

97. *Op. cit.*, pp. 16 et 17, *Chapitre* 2. « De Primis verum naturalium Principiis intrinsecis ». Nous traduisons du latin.

98. *Cf.* p. 52 de ce livre.

99. *Id.* 9) *Circa Doctrinam Formae.* 5) p. 60. Newton ajoute à la fin de ce texte « Voyez Stahl à propos de trois objections ». Stahl est un commentateur connu des textes aristotéliciens. Leibniz s'y référa lui-aussi souvent.

> n'est augmentée ou diminuée... Toute forme accidentelle peut être divisée en degrés ou augmentée ou diminuée. »

Enfin, toujours dans le même manuscrit, la « matière » et la « forme » sont situées en relation l'une par rapport à l'autre.

> « *1.* La divisibilité s'applique [100] à des parties essentielles physiques, qui sont la matière et la forme
>
> *2.* La matière est [101] pure puissance... [Cela] signifie qu'elle n'a aucune forme ou acte formel de sa nature et essentiellement
>
> *3.* Tout ce qui a [102] une matière a une forme, et vice versa ».

Il en ressort tout d'abord que le jeune étudiant de Cambridge a conscience que le couple « matière-forme » ne s'applique qu'à ce qui est sujet au changement et non point aux êtres éternels et immuables, tel Dieu. Il en ressort ensuite qu'il a conscience que ces notions forment un couple et ne sauraient être employées pour explication, à titre singulier, sauf par exception pour dénommer l'immuable [103] : tel, l'« Acte Pur » pour Dieu.

Ainsi, les différences entre le rapport de l'étendue au corps et celui de la matière première à la forme substantielle apparaissent beaucoup plus importantes que leur similitude. Dans quelle mesure même cette dernière existe-t-elle d'ailleurs ?

> « Dans la mesure, précise Newton [104], où bien sûr [les Aristotéliciens] disent que cette matière est capable de recevoir toutes les formes ».

100. *Circa doctrinam formae, op. cit.*, p. 60. 5. 3.

101. *Idem, Circa doctrinam materiae, op. cit.*, p. 60, gauche du manuscrit. 5.

102. *Idem, Circa doctrinam materiae, op. cit.*, p. 59. 1.

103. Nous renvoyons à ce sujet à la remarquable thèse de Pierre Aubenque. *Le problème de l'être chez Aristote*, NRF, Gallimard. De toute façon, que le Dieu d'Aristote n'a ni forme ni matière, Newton a dû l'apprendre aussi de Daniel Stahl qui affirme sans ambiguïté dans les *Regulae Philosophicae explicatae* (IV, *Disputatio* V, § II, 2e Partie).

> « Deus agit et movet, neque tamen formam aliquam habet, qua agat aut moveat, quoniam in eo nulla ex materia et forma datur compositio, sed essentia est simplicissima ».

104. *Cf.* p. 52 de ce livre.

Mais, une telle similitude est bien vague dans la mesure où l'on ne peut pas savoir *comment* l'étendue reçoit la forme des corps : elle ne peut la recevoir en effet comme la matière aristotélicienne reçoit sa forme.

I.1.4.5. Newton en convient d'ailleurs immédiatement après. Car, dit-il, l'étendue composée à cette « matière », peut être aussi bien appelée « forme » à son tour. Elle a une *quiddité* : elle est non par accident, mais par essence. Elle a aussi une *quantité* car, étant divisible en parties elle peut être distinguée en points, lignes et surfaces. Enfin, il lui est attribué la *qualité* [105] sans doute au premier sens aristotélicien de ce terme, c'est-à-dire, parce qu'elle a un « état » [106] déterminé : elle est, en effet, éternelle, immobile, et l'ordre de ses parties est immuable. Or, il est clair que ces trois propriétés *-quiddité, quantité* et *qualité-* ne sauraient être assignées à la « matière », au sens aristotélicien du terme.

Cela étant, l'ambiguïté de dénomination de l'étendue, selon la terminologie aristotélicienne, pose problème. Toutefois, ajoute Newton, ce problème n'est pas insoluble, puisque :

> « S'il y a, dit-il, [107] une difficulté à concevoir ceci, elle vient non de la forme que Dieu a introduite dans l'espace mais de la manière dont il l'a introduite ».

Or, pour lever cette difficulté, il suffit, propose l'auteur, de comparer ce mode d'introduction d'une forme dans l'étendue à la manière dont nous mouvons nos membres.

En effet, de cette seconde manière, nous savons au moins qu'elle est possible, puisque nous en faisons l'expérience. Or, l'on ne peut

105. La quantité et la qualité sont deux des *Catégories* aristotéliciennes. De la qualité, Aristote distingue quatre sortes : celle de l'étendue est la quatrième.

> « Une quatrième sorte de qualité comprend la figure, ou la forme qui appartient à tout être et en outre la droiture et la courbure, ainsi que toute autre propriété semblable. C'est, en effet, d'après toutes ces déterminations qu'un être est qualifié : parce qu'elle est triangulaire ou quadrangulaire, une chose est dite avoir telle qualité ou c'est encore parce qu'elle est droite ou courbe ; et c'est la figure qui donne à toute chose sa qualification » (*Organon, Catégories*, I, *op. cit.*, 8, p. 48, l. 11 à 17).

106. Aristote, Organon, Catégories, I, p. 42, Vrin, 1977.

107. *Cf.* p. 52 de ce livre.

s'empêcher de soulever à ce propos une grave objection. Car, même s'il est fait abstraction de ce que cette comparaison risque d'assigner à Dieu le rôle d'« âme du monde », comme nous l'avons montré précédemment [108], comment peut-on *induire* le mode de mise en mouvement de notre corps par notre volonté à celui de mise en mouvement des différents corps naturels par la volonté divine ? Il y a là du point de vue métaphysique une « aporie » qui nous paraît insoluble et qui est abolie, d'ailleurs – soulignons-le – au *Scholie Général* à la fin de la seconde édition des *Principia*, en 1713 :

> « [Dieu], écrit alors Newton [109], est... un tout semblable à lui-même, tout œil, toute oreille, tout cerveau..., toute force de sentir, de comprendre et d'agir, mais d'une façon qui nous est totalement inconnue. En effet, de même que l'aveugle n'a aucune idée des couleurs, de même nous n'avons aucune idée des façons dont Dieu très sage sent et comprend tout... C'est par allégorie qu'on dit de Dieu qu'il voit, entend, parle, vit, aime, a en haine, désire, donne, reçoit, se réjouit, se met en colère, combat, fabrique, fonde, construit. »

Or, si « allégorie » il y a en de telles comparaisons, et ce, même si le procédé, pour n'être pas parfait, a quelque « vraisemblance », comme le souligne l'auteur ultérieurement, on ne saurait être autorisé pour autant à se prononcer sur ce qu'il est « possible » à Dieu de faire en tant que créateur des corps.

I.1.4.6. Ainsi on ne peut que regretter que la description de la nature corporelle soit dite « déduite » – pour reprendre le terme newtonien – de la « faculté » qu'a l'homme de mouvoir son corps, et de son analogie avec le pouvoir que Dieu a de créer des corps dans l'espace. Car, le recours aux implications de l'idée de « création » ne justifie pas davantage cette analogie. Tout au plus, atteste-t-il clairement que l'on ne saurait prendre au sens logique le vocable « deduxit ». De fait, le projet de Newton en ce texte apparaît désormais clairement sous deux facettes : il faut d'une part trouver des principes véritablement fondateurs de la science mécanique, soit des concepts et axiomes qui donnent une prise efficiente sur la nature et permettent d'établir un réseau de relations serré entre les phénomènes. Il faut

108. *Cf.* p. 129 de ce livre.

109. Les Principia de Newton, *op. cit.*, note 12, pp. 217, 218.

d'autre part prévoir que ces mêmes principes sont en accord avec les vérités de la métaphysique, c'est-à-dire à cette époque, avec les vérités révélées des textes sacrés. Or, cette facette qui se fait jour – on a pu en juger – dans la deuxième partie de la « note » consacrée à l'énoncé des nouveaux principes mécaniques, devient maintenant le centre de l'argumentation. D'où, notamment, le recours aux textes sacrés ici pour justifier la précédente description de la nature corporelle. Mais, cette recherche d'un accord entre science et métaphysique n'est pas sans poser problème.

Ainsi, comment comparer notre pouvoir de mouvoir des corps dont le nôtre et celui que Dieu a de créer et de conserver des corps en l'espace ? C'est par cette comparaison, rappelons-le, que Newton entend pénétrer davantage le mode de création des corps par Dieu, c'est-à-dire, le terme de la précédente analyse de la nature corporelle. Or, il faut bien reconnaître que même le recours à la vérité révélée selon laquelle l'homme a été créé à l'image de Dieu, n'est d'aucun secours sur ce point. Car, l'Ancien testament ne dit pas le sens précis du mot « image » ni toutes ses implications. Il ne dit pas notamment si notre pouvoir de mouvoir des corps a une différence de degré ou de nature avec celui que Dieu a de créer des corps. Dès lors, Newton multiplie les métaphores pour venir au bout de cette difficulté et la logique quitte le terrain, en toute logique d'ailleurs !

> « ... [110] en mouvant des corps, nous ne créons ni ne pouvons créer quelque chose mais nous ne faisons que refléter le pouvoir de créer. En effet, nous ne pouvons pas rendre des espaces imperméables aux corps ».

Mais, dès lors, s'il y a différence de nature entre les deux pouvoirs susdits, en quoi consiste le « reflet » du pouvoir divin dans le nôtre ?

Newton ne pose pas explicitement cette question mais de toute évidence en ressent l'urgence car il propose un autre point de vue :

> « Si l'on [111] préfère que notre pouvoir soit dit fini et le plus bas degré du pouvoir qui a fait de Dieu un créateur, cela ne portera pas plus atteinte à la puissance de Dieu que ne porte atteinte à son intellect le fait que l'intellect nous appartient aussi [mais] à un degré fini ».

110. *Cf.* p. 54 de ce livre.

111. *Cf.* p. 54 de ce livre.

Mais, où est-il dit qu'une simple différence de degré sépare les deux intellects ? Newton n'en souffle mot et est de toute façon mal à l'aise en cette discussion. C'est qu'en effet, on peut tout dire sur de tels sujets ou encore, comme l'écrira Kant au siècle suivant, « le dernier qui parle a raison ».

C'est donc en toute logique, si l'on ose dire, que l'argumentation piétine, inchoative et qu'aucune conclusion peut être tirée : aucune « démonstration » n'est possible.

Ainsi, après les deux hypothèses d'une différence de degré et d'une différence de nature entre les deux pouvoirs humain et divin, on est au rouet. Par là même, la question que la comparaison entre ces pouvoirs est censée éclairer reste sans réponse : selon quel mode Dieu crée-t-il des corps dans l'espace ?

Aussi bien, sans insister davantage, Newton abandonne-t-il cette comparaison pour proposer un autre éclairage sur cette délicate question :

> « ... certains préfèreront [112] peut-être supposer que Dieu a créé une âme du monde à laquelle il a donné pour loi de pourvoir de propriétés corporelles des espaces déterminés ; plutôt que croire que cette tâche est immédiatement accomplie par Dieu. [Mais] le monde en serait appelé non pour autant la créature de cette âme mais la créature de Dieu seul qui l'aurait créé en dotant l'âme d'une nature telle que le monde émanerait nécessairement d'elle ».

La facilité de la réponse à ce nouveau point de vue en trahit bien les faiblesses : la question du « mode de production des corps par Dieu » n'est pas prise en compte pour elle-même. Tout au plus, lui substitue-t-on une question équivalente à laquelle il n'est pas davantage donné de réponse.

Dès lors, que conclure sinon que les justifications métaphysiques de la description de la nature corporelle n'apportent en rien les « précisions utiles » promises sur la distinction de l'étendue et du corps et les définitions de l'un et de l'autre.

I.1.4.7. Un fait est sûr en tout cas : ces précisions n'ont aucune utilité du point de vue épistémologique, puisqu'elles n'interviennent

112. *Cf.* p. 56 de ce livre.

pas dans la production des concepts nécessaires à la fondation de la science mécanique, traitée dans la première partie de la « note ». Leur « utilité » est estimée à l'aune des thématiques de l'époque, comme Newton le reconnaît clairement maintenant :

> « [113]... l'utilité de l'Idée de corps que je viens de décrire est tout particulièrement mise en lumière du fait qu'elle implique clairement les principales vérités de la métaphysique, les confirme très bien et les explique ».

Il est donc tout à fait obvie que les concepts fondateurs de la mécanique ne sont pas enracinés dans les « vérités métaphysiques », ce dont l'analyse de la première partie de la « note » nous avait déjà convaincu.

Autrement dit, ce n'est plus ici la métaphysique qui fonde la science. C'est la science qui se fondant elle-même comme science par le jeu d'une pratique et d'une théorie, comme nous l'avons vu précédemment, rend en quelque sorte sensibles ces vérités.

Sans doute, une lecture rapide du texte pourrait-elle faire croire à un « cercle vicieux » dans la fondation de la mécanique.

Ainsi, comment accorder à Newton que la proposition « l'étendue est un corps » se ramène logiquement à celle-ci : « l'étendue est une créature », c'est-à-dire un être fini et matériel ? Les articles 10 et 11 de la 2e Partie des *Principes* attestent d'eux-mêmes la fausseté de cette « interprétation ». En effet, si « l'étendue constitue le corps » selon Descartes, c'est en tant que « substance » [114], c'est-à-dire en tant qu'être complet pouvant exister sans un autre du même genre et non en tant qu'être sensible.

Que l'on songe à cette réponse à une critique de Hobbes :

> « [Hobbes] dit fort bien que nous ne pouvons concevoir aucun acte avec son sujet, comme la pensée sans une chose qui pense, parce que la chose qui pense n'est pas un rien ; mais c'est sans aucune raison, et contre toute bonne logique et même contre la façon ordinaire de parler, qu'il ajoute que de là il semble suivre qu'une chose qui pense est quelque chose de corporel ; car les

113. *Cf.* p. 56 de ce livre.

114. *Secondes Réponses aux Objections, Œuvres, op. cit.*, pp. 390-391.

> sujets de tous les actes sont bien à la vérité entendus comme étant des substances (ou, si vous voulez, comme des matières, à savoir des matières métaphysiques), mais non pas pour cela comme des corps ».

Cela étant, même si l'étendue cartésienne était une « créature » pourquoi l'athéisme en suivrait-il ? Parce que Newton présuppose sa propre notion d'étendue appartenant à tout être en tant qu'être et donc aussi à Dieu et ainsi ne prouve rien. Bien plus, le propos devient très confus. Puisqu'il a été démontré que la physique cartésienne tenait son inconsistance de celle de ses fondements et que celle-ci était à rapporter ultimement à celle du concept d'espace, à quoi sert maintenant de livrer combat à une ombre ? La querelle semble de peu de poids comparée à la critique épistémologique initiale. Mais, il faut admettre là que Newton est fils de son temps et reprend à son compte la hantise de l'athéisme qui caractérise ses contemporains anglais ; l'accord de la science et de la religion est perçu comme crucial en cette fin de siècle où la montée du mécanisme tend à exclure Dieu du monde. Cette hantise, on la retrouve vivante ici et les grandes lignes de la problématique religieuse de More contre Descartes sont reproduites assez fidèlement. L'idée directirce de la critique morienne est celle-ci : en refusant l'étendue à Dieu, Descartes ne lui assigne aucune place en ce monde et ouvre la voie à l'athéisme [115]. Les interrogations de l'*Enchiridium metaphysicum,* de *An Antidote against Atheism,* de la correspondance avec Descartes en témoignent. C'est bien cette même idée qui hante Newton ici quand il écrit :

> « [Si] nous avons une idée absurde [de l'étendue] sans aucune relation à Dieu..., nous pouvons concevoir qu'elle existe tout en imaginant que Dieu n'existe pas »

Le procès dressé contre Descartes est donc un procès de « nullibisme » [116], pour reprendre une expression de l'époque consacrée à cette fin. Mais, comment donner raison à Newton plutôt qu'à Descartes ? Toute la discussion est suspendue à une conception de Dieu qui n'est pas celle de l'adversaire. Autant dire qu'elle relève du

115. *Cf.* Lettres de Morus à Descartes, *op. cit.*

116. Les Cartésiens furent appelés « nullibistes » par More : *Enrichiridium Metaphysicum, Opera Omnia,* London, Chapitre 28, Part. I, p. 319, 6) et ss.

genre « indécidable », à la différence de l'argumentation critique qui inaugure la « note ».

Car, désormais, tout dépend de la conception que l'on se fait de Dieu, de son pouvoir sur le monde et de sa place en lui. Bien plus, l'affirmation selon laquelle « nous ne pouvons pas poser des corps [tels qu'ils viennent d'être décrits] sans poser en même temps que Dieu existe » est un indéniable paralogisme puisque Dieu est introduit au cours même de la *description* de la nature corporelle. Car, s'il est vrai que la distinction de l'espace et du corps est posée au nom d'une exigence intrinsèquement scientifique, les définitions tant de l'espace que du corps font, elles, intervenir des considérations franchement théologiques.

Pas davantage ne peut-on admettre que la conception cartésienne de l'étendue conduise à l'athéisme sous le prétexte que « [117] l'étendue est non pas une créature mais existe de toute éternité ». Bien plus, ne fait-on pas passer pour preuve *a posteriori* de l'existence de Dieu, un vulgaire paralogisme ? On aurait de ce point de vue posé Dieu au départ de l'argumentation puis les corps seulement en second lieu. Toutefois cette objection nous paraît sans fondement. En effet, il faut se rappeler des deux aspects du *De Gravitatione* et de leur indéniable distinction : une chose est de démontrer que des concepts posés comme fondateurs de la physique ne sont pas tels, eu égard aux seules exigences de cette science et que les concepts contradictoires respectent ces exigences, une autre de montrer que ces derniers concepts sont en outre, comme par bonheur, en accord avec « les vérités de la métaphysique » et les vérités révélées. Car, la question initiale dans le *De Gravitatione* – redisons-le – est de pratique scientifique : les concepts cartésiens ne permettent pas de *mesurer* les positions ni les mouvements des corps. Or, Newton n'exagère pas sur ce plan-là, de notre point de vue. Les arguments critiques qu'il avance contre Descartes ne nous semblent en rien être allégués au nom du sort de la science mécanique ; ils ne nous semblent pas camoufler d'autres arguments qui n'auraient rien de scientifique et justifieraient seuls le renversement de la physique cartésienne. D'ailleurs, est-il vraiment besoin de croire en un Dieu créateur pour se rendre compte des difficultés propres aux concepts fondateurs de la physique de 1644 ? Ceci dit, que de surcroît, les concepts de la physique cartésienne

117. *Cf.* p. 56 de ce livre.

chassent Dieu de l'univers selon Newton et ouvrent ainsi la voie à l'athéisme, comme il le dit maintenant à la fin de la « note », est un scandale d'un autre type : au regard de la foi et non de la science. Autrement dit, on n'aurait le devoir de penser qu'il y a cercle dans l'argumentation newtonienne que si les arguments scientifiques avancés initialement contre Descartes étaient inconsistants. Mais, nous pensons avoir démontré qu'il n'en est rien.

Ajoutons, pour clore l'examen de cette objection, que l'utilité des concepts fondateurs de la mécanique est jugée, non par rapport aux « vérités de la métaphysique » elles-mêmes, mais par rapport à la conception qu'en a Newton et dont nous avons montré qu'elle était affine avec celle des personnalités anglaises de son temps. Or, ceci rend particulièrement difficile le maintien du point de vue, selon lequel l'argumentation newtonienne est un cercle : car, qui pourrait prouver que cette conception de Dieu n'a pas été influencée inversement par la conscience des exigences propres à la science ? On se trouve ainsi placé devant une impasse, puisqu'on ne peut décider de la véritable genèse des idées. L'essentiel demeure donc que les arguments critiques de la première partie de la note ne peuvent pas être jugés inconsistants d'un point de vue épistémologique. Ils ne tiennent pas leur force des argumentations métaphysiques et théologiques développées à la fin de la « note ».

I.15. Cela étant, comment faut-il comprendre que les concepts fondateurs de la mécanique newtonienne « confirment » les vérités révélées ? Revenons au texte. La critique de Descartes est poussée cette fois jusqu'aux racines de l'arbre : à savoir, la distinction de l'esprit et du corps. Le propos est désormais ouvertement et entièrement d'ordre métaphysique, on ne saurait donc en attendre des conclusions démonstratives puisque, pour reprendre les termes poppériens, rien n'est vérifiable ni réfutable.

La critique de la distinction substantielle de l'esprit et du corps elle aussi appartient aux thèmes de l'époque. On la rencontre chez Hobbes, More et Gassendi qui épluche impitoyablement dans la *Disquisitio Metaphysica* les propositions clés des six *Méditations Métaphysiques* [118]. Mais, là encore, c'est plus manifestement à More que

118. Pierre Gassendi. *Disquisitio Metaphysica,* seu dubitationes et instantiae adversus renati Cartesii metaphysicam et responsa. Vrin, 1962.

Newton fait des emprunts. Un esprit non étendu — dit-il — ne serait nulle part. Dès lors, comment agirait-il sur la matière et notamment comment Dieu conserverait-il le monde en sa forme ? De plus, ou Dieu et l'étendue sont deux substances concurrentes ; ou le premier contient la seconde en lui éminemment et la distinction entre « esprit » et « étendue » n'est pas « substantielle », comme le prétend Descartes. Nous renvoyons sur ce point à l'objection [119] de More à l'auteur des *Principes* de 1644 :

> « *Dieu,* dites-vous, *un ange aussi et tout ce qui subsiste par soi-même est étendue ; et par suite votre définition est plus large que le défini.* Je n'ai pas coutume de disputer sur les mots ; c'est pourquoi si l'on veut que Dieu soit en un sens étendu, parce qu'il est partout, je le veux bien : mais je nie qu'en Dieu, dans les anges, dans notre âme, enfin en toute autre substance qui n'est pas corps, il y ait une vraie étendue, et telle que tout le monde la conçoit ; car par un être étendu on entend communément quelque chose qui tombe sous l'imagination ; que ce soit un être de raison ou un être réel ».

Sans doute, est-il bien vrai qu'il est difficile de rendre compte d'une manière intelligible de l'union substantielle de deux substances qu'on a « séparées l'une de l'autre ». Cette réponse de Descartes à Hobbes [120] en témoignerait :

> « ... d'autant que nous ne connaissons pas la substance immédiatement par elle-même, mais seulement parce qu'elle est le sujet de quelques actes, il est fort convenable à la raison, et l'usage même le requiert que nous appelions de divers noms ces substances que nous connaissons être les sujets de plusieurs actes ou accidents entièrement différents et qu'après cela, nous examinions si ces divers noms signifient des choses différentes, ou une seule et même chose ».

Mais, est-ce effectivement plus intelligible de dire que Dieu est « étendue », sous prétexte qu'il doit pouvoir conserver sa création ? Nous n'en déciderons pas, pour notre part. Tout au plus, devons-nous rappeler que l'explication métaphysique qui accompagne la définition de l'étendue et de celle du corps est obscure par endroits. De même,

119. *Op. cit.*, pp. 112 et ss., Lettre du 5 février 1649.

120. *Réponses aux troisièmes objections, Œuvres,* p. 403, *op. cit.*

c'est à More [121] que Newton emprunte la critique de la substance cartésienne :

> « ... si les substances nues n'ont pas de différences essentielles, dit-il, les mêmes forces substantielles ou attributs peuvent appartenir à l'une ou à l'autre et faire qu'elles soient alternativement sinon même simultanément « esprit » et « corps »... ».

Or, qu'en est-il exactement selon Descartes ? Celui-ci a toujours nié que l'homme fut capable de [122] « [connaître] les substances immédiatement par elles-mêmes ». On ne peut les connaître que « de ce qu'[on aperçoit] quelques formes ou attributs qui doivent être attachés à quelque chose pour exister ». Mais, « si après cela, nous voulions dépouiller cette même substance de tous ces attributs qui nous la font connaître, nous détruirions toute la connaissance que nous en avons et ainsi nous pourrions bien à la vérité dire quelque chose de la substance, mais tout ce que nous en dirions ne consisterait qu'en paroles, desquelles nous ne concevrions pas clairement et distinctement la signification ».

Autrement dit, il nous semble que Descartes ne saurait entièrement encourir le reproche morien ou newtonien. Car, une chose est ce qu'est la substance, une autre ce que l'on en peut connaître : la « substance nue », sans attributs ou différences essentielles, reste hors de notre champ de connaissance. Il reste sans doute à demander à Descartes pourquoi « parler » de « substance » quand on ne peut connaître que ses attributs. A quoi sert cette entité que l'on ne peut pas utiliser aisément ? Il est certain que, par l'introduction de cette notion, Descartes prête le flanc à des critiques dangereuses, telle cette autre :

121. More soutient en effet dans *the Immortality of the Soul* (Book 1, chap. 2, p. 19, *op. cit., Axiom* VIII).

> « The subject or naked Essence or Substance of a thing, is utterly unconceivable to any of our Faculties.
>
> For the evidencing of this truth, there needs nothing more than a filent appeal to a mans own Mind, if he do not find it so ; and that if he take away all *Aptitudes, Operations, Properties* and Modifications from a Subject, that his conception thereof vanishes into nothing, but into the *Idea* of a mere *Undiversificated* Substance ; so that one *Substance* is not then distinguishable from another, but only from *Accidents* or *Modes* to which properly belongs no subsistence ».

122. *Quatrièmes Réponses,* Œuvres, éd. La Pléiade, p. 442.

> « Dieu n'est pas moins le substrat des créatures que celles-ci ne sont pas le substrat des accidents, de sorte que la substance créée est d'une nature intermédiaire entre Dieu et l'accident... ».

Or, sans doute, si Dieu est substance en cette philosophie [123], il l'est comme sujet de propriétés, qualités ou attributs qu'on ne saurait confondre avec les créatures. Il n'en est pas moins vrai que subsiste la question posée plus haut et qui, faute de réponse possible, suscite la critique newtonienne de l'« homonymie » du mot « substance » et cette conclusion :

> « il faut assigner la réalité substantielle à cette sorte d'attribut qui est réelle par elle-même, intelligible et n'a pas besoin d'être inhérente à un sujet au lieu d'assigner une telle réalité à un sujet dont nous ne pouvons... former une Idée ».

Cela étant, si la théorie cartésienne de la « substance » n'est guère intelligible et ne peut permettre de donner un fondement solide à la distinction de l'étendue et de l'esprit ni une idée claire de l'un et de l'autre, il faut tout de même rappeler que les justifications métaphysiques assignées par Newton à la distinction de l'espace et du corps et au contenu de l'un et de l'autre sont quelque peu ténébreuses, elles-aussi. On ne peut donc que renvoyer ici dos à dos les deux belligérants, l'enjeu de leur querelle ne pouvant être soumis à « vérification » ou à « réfutation ». Tout au plus, peut-on souligner les obscurités respectives de chacun sur ce sujet. Ainsi, pour nous résumer, métaphysiquement parlant, les justifications des concepts d'espace, de corps et de Dieu ne sont pas moins obscures chez Newton que chez Descartes. En revanche, scientifiquement parlant, la distinction newtonienne de l'espace et du corps est aussi féconde qu'est stérile la confusion cartésienne des deux.

I.16. Enfin, pour parachever ses réflexions métaphysiques sur l'étendue et les corps et leur distinction, Newton reprend l'argument cartésien du « morceau de cire ». Certes, beaucoup d'autres de ses contemporains, tels Gassendi [124], More [125] ou Hobbes [126] trouvèrent à redire à cet argument.

123. *Secondes Réponses, op. cit.*, p. 301, V et VIII.

124. P. Gassendi. *Disquisitio metaphysica,* Vrin, *op. cit.*, *Doute* VII, contre la Méditation II, pp. 168, 308*a*.

La critique que l'auteur dessine ici fait apparaître le caractère incomplet de la « réduction » cartésienne au cours de cette « expérience ». Rappelons d'abord le déroulement de cette « expérience ». Prenons, dit Descartes, un morceau de cire. En tant que corps particulier, il possède un certain nombre de propriétés, sa dureté, sa couleur, sa figure, son odeur, etc. On l'approche du feu et les propriétés précédentes disparaissent [127] une à une :

> « La même cire demeure-t-elle après ce changement ? Il faut avouer qu'elle demeure... Qu'est-ce donc que l'on connaissait en ce morceau de cire avec tant de distinction ? Certes ce ne peut être rien de tout ce que j'y ai remarqué par l'entremise des sens, puisque toutes les choses qui tombaient sous le goût, ou l'odorat, ou la vue, ... se trouvent changés... Peut-être était-ce ce que je pense maintenant, à savoir que la cire... était seulement un corps

> « ... puisque vous pensez en quelque façon percevoir cette chose (la cire sans ses qualités sensibles), comment donc, je vous prie, la percevez-vous ? Ne serait-ce pas comme quelque chose de fluide et d'étendu ? Car sans doute ne (la) concevez-vous pas comme un point, bien qu'elle soit telle qu'elle s'étende tantôt plus, tantôt moins. Et comme cette sorte d'étendue ne peut pas être infinie..., ne la concevez-vous pas aussi comme figurée en quelque façon ? Et comme il vous semble en quelque sorte la voir, ne lui attribuez-vous pas en outre je ne sais quelle couleur, d'ailleurs confuse ? Vous la considérez assurément comme quelque chose de plus consistant, donc de plus visible que le vide absolu. C'est ainsi que votre intellection est une espèce d'imagination. Si vous dites que c'est en dehors de toute extension, figure et couleur que vous la concevez, dites-nous donc enfin naïvement comment elle est ».

125. Henry More à Descartes, *Correspondance, op. cit.*, 11 décembre 1648, p. 99. (« scaevum... argumentum »). Il qualifie la preuve cartésienne de « preuve louche ».

> « Le corps, (dites-vous) peut être sans mollesse, sans dureté, sans poids, sans légèreté, etc., et la matière subsister en son entier sans ces qualités, et les autres que les sens aperçoivent en elles ; c'est comme si vous disiez qu'une livre de cire pourrait être ce qu'elle est, quoiqu'elle ne fût ni ronde, ni cubique, ni pyramidale, et demeurer livre de cire, sans avoir aucune figure, ce qui ne se peut pas ; car bien qu'une telle ou telle figure ne soit pas tellement adhérente à la cire, qu'elle ne puisse s'en dépouiller, cependant il est d'une nécessité indispensable que la cire ait une figure. Ainsi, quoique la matière ne soit nécessairement ni molle, ni dure, ni chaude, ni froide, il est cependant absolument nécessaire qu'elle soit sensible, ou si vous voulez tactile... Que si vous ne voulez pas définir le corps par le rapport qu'il a à nos sentiments, je veux bien que le toucher soit pris d'une manière plus générale et plus diffuse, et qu'il signifie le contact mutuel et ce pouvoir de toucher, ... »

126. *Cf. : Troisièmes Objections, Œuvres* de Descartes, pp. 399 à 420.

127. Descartes, *Œuvres complètes*, La Pléiade, *Méditations métaphysiques*, Méditation seconde, p. 280.

> qui un peu auparavant me paraissait sous ces formes et qui maintenant se fait remarquer sous d'autres. Mais qu'est-ce, précisément parlant, que j'imagine lorsque je la conçois en cette sorte ? Considérons-le attentivement et éloignant toutes les choses qui n'appartiennent point à la cire, voyons ce qui reste. Certes, il ne demeure rien que quelque chose d'étendu, de flexible et de muable » que mon entendement seul conçoit.

C'est précisément cette conclusion que conteste Newton. Il « reste » de ce corps particulier qu'est le morceau de cire fondu autre chose, dit-il, que l'étendue : sa faculté de mettre en mouvement les perceptions des choses présentes. Car, « on peut rejeter cette faculté des corps en conservant l'étendue mais non en conservant leur nature corporelle ».

Mais, comme précédemment, la discussion est suspendue à une conception autant irréfutable qu'invérifiable, de la « substance des corps » : pour l'un, elle est étendue, pour l'autre elle tient en l'impénétrabilité et la faculté de mettre les perceptions des choses sentantes en mouvement. Cette remarque [128] de Newton, sous forme d'objection, le montre sans conteste :

> « les changements qui peuvent être provoqués dans les corps par des causes naturelles ne sont qu'accidentels et ne signifient pas que la substance soit vraiment changée... Conformément au sens de la Démonstration, il ne faut rejeter que ce dont les corps de par leur nature peuvent manquer et ce dont ils peuvent être dépouillés ».

Qu'à cela ne tienne ! Descartes respecte tout à fait le sens de la « démonstration », conformément à ses principes et concepts, dans l'argumentation relative au morceau de cire. Il n'est pas plus illogique que Newton sur le même sujet : il ne peut pas être plus logique non plus, compte tenu du genre dont relève la « démonstration ».

Autrement dit, ce n'est qu'en introduisant ses propres conceptions du corps que Newton conclut à l'illogique des démonstrations cartésiennes. En effet, on ne peut prétendre que le « reste » de l'opération de réduction conceptuelle du « morceau de cire » est différent de ce que Descartes prétend, que parce qu'a été posée, comme préalable, une conception newtonienne de la nature corporelle.

128. *Cf.* p. 62 de ce livre.

En outre, il est tout de même une question fort importante quant au statut de la connaissance que Newton ne soulève même pas. En effet, dire que la faculté de mouvoir les perceptions des choses pensantes fait partie de l'« essence » du corps impliquerait un présupposé empiriste. Mais, dès lors, par quelle « faculté » accédons-nous à l'étendue, infinie, éternelle, immuable ? Certainement pas par les sens. Jamais, Newton, ici, n'a soulevé cette délicate question. Quant à la manière dont cette mystérieuse « faculté » des corps fonctionne, la précision qui est donnée à ce sujet n'est en rien éclairante :

> « que cette faculté [129] appartienne à tous les corps, c'est ce qu'atteste le fait que les parties du cerveau surtout les plus subtiles, auxquelles l'esprit est uni, sont en continuel flux et que de nouvelles succèdent même sans arrêt à celles qui s'envolent. Supprimer cette faculté en considérant soit l'acte divin, soit la nature corporelle, est aussi grave que supprimer l'autre faculté, par laquelle les corps ont la force de se transférer leurs actions mutuellement les uns aux autres ».

De toute évidence, Newton songe ici au flux continuel des « esprits animaux » ainsi décrits par Descartes [130] dans *les Passions de l'Ame* :

> « Les plus vives et plus subtiles parties du sang que la nature a raréfiées dans le cœur entrent sans cesse en grande quantité dans les cavités du cerveau... Or, ces parties du sang très subtiles composent les esprits animaux. Et elles n'ont besoin à cet effet de recevoir aucun autre changement dans le cerveau, sinon qu'elles y sont séparées des autres parties du sang moins subtiles. Car, ce que je nomme ici des esprits ne sont que des corps, et ils n'ont point d'autre propriété sinon que ce sont des corps très petits et qui se meuvent très vite, ainsi que les parties de la flamme qui sort d'un flambeau ; en sorte qu'ils ne s'arrêtent en aucun lieu, et qu'à mesure qu'il en entre quelques-uns dans les cavités du cerveau, il en sort aussi quelques autres par les pores qui sont en sa substance, lesquels pores les conduisent dans les nerfs, et de là dans les muscles, au moyen de quoi ils meuvent le corps en toutes les diverses façons qu'il peut être mû ».

129. *Cf.* pp. 62, 64 de ce livre.

130. Descartes, *Œuvres complètes,* la Pléiade, *op. cit.,* pp. 699, 700, article 10, I partie.

L'argumentation serait donc celle-ci : puisque Descartes admet qu'il y a des parties du sang subtiles qui vont dans le cerveau et en sortent avec une extrême rapidité, et que leur rôle est d'être conduites dans les nerfs et dans les muscles pour faire mouvoir le corps, il admet bien ainsi que cette faculté appartient à la nature corporelle elle-même. De fait, dans une lettre à More [131], le 5 février 1649, Descartes distingue ce qui est la « propriété » du corps et son « essence entière ».

> « Votre difficulté est, di-il à More, sur la définition du corps que j'appelle une substance étendue et que vous aimeriez mieux nommer une substance sensible, tactile ou impénétrable ; mais, prenez garde, s'il vous plaît, qu'en disant une substance sensible vous ne la définissez que par le rapport qu'elle a à nos sens, ce qui n'en explique qu'une propriété au lieu de comprendre l'essence entière des corps, qui, pouvant exister quand il n'y aurait point d'hommes, ne dépend pas par conséquent de nos sens ».

Il est donc clair que la mise en relation du corps avec les sens ne saurait appartenir à l'essence même du corps. Ainsi, quand Newton retourne contre Descartes l'argument des « esprits animaux », il oublie, ce faisant, que de telles parties subtiles n'appartiennent pas au corps, en tant que corps, mais en tant qu'uni à une âme. Or, cette union pour substantielle qu'elle soit, ne saurait être comprise dans la définition cartésienne de l'essence corporelle.

Bien plus, poursuivant l'analyse critique de l'argumentation sur le morceau de cire, Newton compare la suppression de la faculté susdite à la suppression de l'impénétrabilité. Ainsi, Descartes réduit « le corps à un espace vide ». Le morceau de cire fondu a donc toutes les propriétés du « vide » : mais, s'il en est ainsi, l'auteur des Principes est en contradiction avec lui-même puisqu'il n'admet pas le vide. Reportons-nous pourtant à l'article 18 de la seconde Partie des Principes : le vide y est défini comme « un espace où il n'y a point de substance » et non pas « un espace qui ne résiste pas aux mouvements des corps », comme le dit Newton ici.

Autrement dit, on est toujours confronté à la même difficulté en cette deuxième partie de la « note » accompagnant les quatre premiè-

131. Correspondance de Descartes avec Morus, Vrin, 1953, p. III, lettre du 5 février 1649.

res définitions de la science mécanique : la divergence des conceptions métaphysiques fondamentales. L'argumentation newtonienne ne vaut que si l'on pose comme principe que la résistance au mouvement est un critère de la nature corporelle.

La discussion soutenue sur ce point ne saurait cependant passer pour anodine : le système du Monde y est directement concerné. En effet, dit Newton, « il est impossible que le fluide corporel ne fasse pas obstacle aux mouvements des corps qui le traversent, dès lors qu'il n'est pas réglé pour se mouvoir à la vitesse de ces corps » et il renvoie en note à la Lettre 96 de Descartes à Mersenne, sans en indiquer la date. Or, la lettre en question est celle de janvier 1639 [132] :

> « Quand je conçois qu'un corps se meut dans un milieu qui ne l'empêche point du tout, c'est que je suppose que toutes les parties du corps liquide qui l'environne sont disposées à se mouvoir justement aussi vite que lui, et non plus, tant en lui cédant leur place qu'en rentrant en celle qu'il quitte ; et ainsi, il n'y a point de liqueurs qui ne soient telles qu'elles n'empêchent point certains mouvements. Mais pour imaginer une matière qui n'empêche aucun des divers mouvements de quelques corps, il faut feindre que Dieu ou un ange agite plus ou moins ses parties, à mesure que ce corps qu'elles environnent se meut plus ou moins vite ».

Mais, pourquoi ne pas admettre de « vide [133] entre les parties de la matière subtile » ? Descartes en produit la raison de manière « démonstrative » selon ses propres termes :

> « ... je trouve par démonstration qu'outre la matière qui compose les corps terrestres, il y en a deux autres sortes : l'une fort subtile, dont les parties sont rondes, ou presque rondes, ainsi que des grains de sable ; ... l'autre incomparablement plus subtile que celle-là, et dont les parties sont si petites, et se meuvent si vite, qu'elles n'ont aucune figure arrêtée, mais prennent sans difficulté à chaque moment celle qui est requise pour remplir tous les petits intervalles que les autres corps n'occupent point. Pour entendre ceci, il faut considérer premièrement que, plus un corps est petit, moins il faut de force pour lui changer sa figure... Secondement, il est à remarquer que, lorsque plusieurs divers corps sont agités tous ensemble, les plus petits reçoivent plus de cette agitation,

132. *Œuvres,* Pléiade, 30 juillet 1640, pp. 1042, 1043, 5.

133. *Idem,* p. 1042.

c'est-à-dire se meuvent plus vite que les plus gros. D'où, conclut Descartes, il suit *demonstrative* que, puisqu'il y a des corps qui se meuvent en l'univers, et qu'il n'y a point de vide, il faut nécessairement qu'il s'y trouve une telle matière dont les parties soient si petites, et se meuvent si extrêmement vite que la force dont elles rencontrent les autres corps, soit suffisante pour faire qu'elles changent de figure et s'accomodent à celle des lieux où elles se trouvent ».

Ce faisant, la réponse ne peut être qualifiée de « démonstrative » que si l'on admet les raisons pour lesquelles « il n'y a pas de vide » dans l'univers. C'est à l'article 16 de la deuxième Partie des Principes que Descartes s'en explique [134] le plus clairement :

« Pour ce qui est du vide, ..., à savoir pour un espace où il n'y a point de substance, il est évident qu'il n'y a point d'espace en l'univers qui soit tel, parce que l'extension de l'espace ou du lieu intérieur n'est point différente de l'extension du corps. Et comme, de cela seul qu'un corps est étendu en largeur, longueur et profondeur, nous avons raison de conclure qu'il est une substance, à cause que nous concevons qu'il n'est pas possible que ce qui n'est rien ait de l'extension, nous devons conclure de même de l'espace qu'on suppose vide : à savoir que, puisqu'il y a en lui de l'extension, il y a nécessairement aussi de la substance ».

Autrement dit, s'il n'y a pas de vide, c'est que l'espace ne fait qu'un avec le corps. On est donc revenu à la « case départ », là où, du seul point de vue métaphysique, il n'est pas possible de se prononcer. Du point de vue épistémologique, en revanche, rappelons-le, la première partie de la « note » permet de trancher à ce sujet. Ajoutons enfin que Newton reprend très en détail cette question du mouvement des corps célestes dans les *Principia* et portera le coup de grâce, en scientifique cette fois, aux Propositions 52 et 53 du Livre second, à la doctrine cartésienne des tourbillons. En effet, il est démontré à la *Proposition* 53 [135] que :

« les corps qui sont emportés dans un tourbillon et retournent en orbes, sont de même densité que ce tourbillon et se meuvent en suivant la même loi que les parties de ce tourbillon quant aux vitesses et détermination de leurs cours ».

134. *Principes, op. cit.,* article 16, II, pp. 71, 72.

135. *Les Principia de Newton, op. cit.,* note 2, p. 121.

Or, les tourbillons ne peuvent pas suivre un mouvement elliptique car, conformément aux lois de la mécanique, ils vont plus vite à l'aphélie (au point le plus éloigné du foyer de l'ellipse) qu'au périhélie (au point le plus rapproché de ce foyer).

Mais, conformément à la deuxième loi de Képler, les planètes, elles, se mouvant en ellipses, se meuvent par là-même plus rapidement au périhélie qu'à l'aphélie, par rapport au Soleil, leur centre de mouvement. D'une telle contradiction entre les lois astronomiques et les lois mécaniques, s'impose cette conclusion, donnée au *Scholie* de la *Proposition* 53 [136] :

> « Il est dès lors évident que les planètes ne sont pas transportées par des tourbillons faits de matière ».

Ceci dit, même les démonstrations scientifiques des *Principia* ne prouvent pas dans l'absolu que le « vide est donné » comme l'admit trop rapidement Newton en 1687 dans la première édition de ce livre. Il fait à cet égard une très importante correction au Livre III [137] : « Si toutes les particules solides de tous les corps sont de même densité et qu'elles ne puissent être raréfiées sans pores, on accorde le vide ». Autrement dit, la loi de gravitation universelle ne « démontre » que le vide existe dans la nature que de manière conditionnelle : à savoir, si et seulement si les particules primitives de matière sont de densité identique [138].

Newton disposait-il dans le *De Gravitatione* de telles démonstrations pour s'engager plus avant sur l'existence du vide, dans la nature ? Certes non, on le verra dans les définitions ultérieures, car il n'est pas encore en possession de la loi de gravitation universelle. Il n'en reste pas moins que les expériences impliquées ici en faveur du vide, « pour qu'il ne subsiste aucun doute », portent la discussion sur un plan autre que métaphysique et lui confèrent ainsi un peu plus de poids.

136. *Idem*, p. 122, Scholie.

137. *Idem*, Proposition 6, Corollaire 4, Livre III, p. 156.

138. En ce qui concerne la longue et difficile discussion qui opposa Cotes, l'éditeur de la seconde édition des Principia et Newton à ce sujet, nous nous permettons de renvoyer le lecteur à notre étude : *Les Principia de Newton, op. cit.*, note 12, pp. 163 à 166.

Certes, l'auteur ne fait qu'évoquer des expériences mettant en évidence des différences de gravité des corps : il ne les décrit pas dans le détail. Mais, s'il n'a pas jugé bon « d'approfondir ceci maintenant », c'est très certainement qu'il devait réserver cet approfondissement pour la partie scientifique du *De Gravitatione,* annoncée liminairement. Certes, cette partie est tout juste ébauchée, de par l'inachèvement de l'opuscule. Il n'en reste pas moins que les conclusions d'expériences dégagées brièvement ici sont également portées dans les *Principia.*

Mais, il y a plus. Des expériences sur la mesure de la densité et du poids des corps et la variation de cette mesure en fonction du milieu sont décrites assez précisément dans les *Quaestiones,* au moins en deux endroits. Dans le premier [139] *(Of variety and Density - Rarefaction and Condensation),* on compare la densité de deux corps :

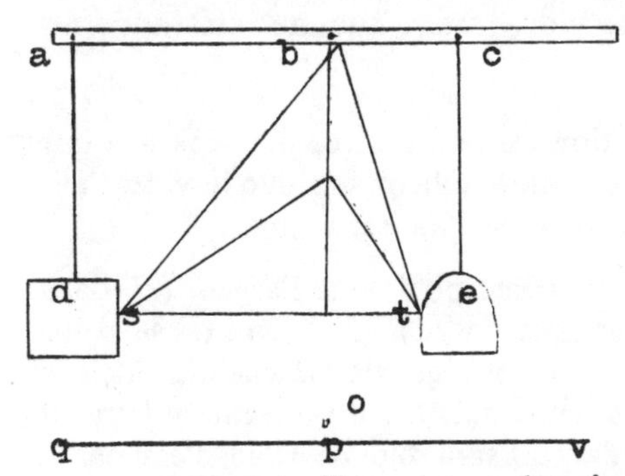

« Deux corps étant donnés, trouver lequel est le plus dense au bout des fils d a et e c. Suspendons les corps d et e ainsi que le ressort s b t, exactement entre eux deux, par un fil lui laissant toute liberté de se mouvoir. Comprimons ensuite le ressort en faisant se rapprocher s b de b t avec le fil s t. Puis, coupons le fil s t : le ressort repoussera loin de lui les deux corps. Ceux-ci reçoivent la même force de mouvement *(swiftness)* du ressort, s'il y a en eux la même quantité de corps *(quantity of body).* Sinon, chaque corps (qui est attaché au ressort) se mouvra en direction du corps qui a le moins de corps *(body)* en lui. On peut observer ce mouvement en comparant le mouvement du point o par rapport au point p et aux autres points du corps q v qui est au repos ».

Dans cette expérience, les deux corps d et e sont suspendus par un fil à un plan et au milieu de la distance qui les sépare sur ce plan, on suspend un ressort s b t par un fil, de manière à lui laisser liberté de se mouvoir. Il faut ajouter aussi que le ressort est maintenu en s et t aux corps d et e, par le fil st. Ce fil une fois coupé, le ressort se détend soudain et les deux corps commencent à se heurter l'un à l'autre.

Si d et e ont même « quantité de corps », l'action du ressort libéré doit leur conférer la même « rapidité de mouvement ». L'amplitude et la durée de leurs demi-oscillations seront donc très semblables. Si, en

139. *Quaestiones, op. cit.,* p. 13.

revanche, ils n'ont pas la même « quantité de corps », celui qui en a le plus se mouvra davantage vers celui qui en a le moins. Mais, comment le mesurer ? En observant le mouvement de l'extrémité du fil b o au-dessus du point p qui lui correspond sur le plan q v. Si donc b o est davantage poussé vers q, c'est que le corps c a plus de « quantité de corps » que le corps d. L'inverse a lieu, s'il est davantage poussé vers v. Ainsi, les déplacements du point o sur le plan q v de part et d'autre du point p, permettent d'évaluer avec précision la différence de densité des deux corps.

Dans le second passage intitulé *Gravity and Levity* [140], on se propose de déterminer la proportion des poids des deux corps, tels que l'or et l'argent dans des milieux différents, le vide, l'air, l'eau. Par le jeu des proportions entre les poids des différents corps solides et fluides en présence, on parvient à établir des relations permettant de trouver le « poids du corps dans le vide, lorsqu'aucune résistance ne s'exerce sur le corps.

> « Question : Quelle proportion les poids de deux corps tels que l'or et l'argent ont-ils en différents milieux tels que le vide, l'air, l'eau, etc. Le poids de l'eau ou de l'air est donné...
>
> Si, dans l'air, l'or (a) est de même poids que l'argent (z), dans l'eau, (a) est de même poids que l'argent (2 z). Soit (c) le poids d'une quantité d'eau dans l'air, telle qu'elle est égale à l'or (a). Dès lors, c z/a est le poids d'une quantité d'eau égale à l'argent (z). Les poids de l'or et de l'argent sont diminués dans l'eau par le poids de l'eau dont ils occupent la place. Donc, b-c est le poids de l'or (a) dans l'eau et b-cz/a est le poids de l'argent (z) en elle, puisque (a) est de même poids que 2 z en elle. Ainsi,
>
> $$b - c = 2\,b - 2cz/a$$
>
> ou
>
> $$\frac{ab + ac}{2c} = z$$
>
> ou encore
>
> $$\frac{2c}{b + c} = \frac{a}{z}. »$$

De telles expériences sont, bien sûr, du plus haut intérêt dans le *Système du Monde*, en permettant d'établir à quelles lois doivent répondre les mouvements des planètes pour rendre compte des obser-

140. *Quaestiones, op. cit.*, pp. 67, 68.

vations astronomiques réalisées. Des expériences analogues à propos des pendules et de la chute des corps sont d'ailleurs expliquées aux Propositions XXXI et XL du Livre II des *Principia* [141] :

> « Quand [137] même l'air, l'eau, le vif-argent et d'autres fluides semblables seraient subtilisés à l'infini, et qu'ils composeraient des milieux infiniment fluides, ils n'en résisteraient pas moins aux globes projetés. Car la résistance dont on a parlé dans les Propositions précédentes vient de l'inertie de la matière ; et l'inertie est essentielle aux corps, et est toujours proportionnelle à leur quantité de matière. On peut à la vérité diminuer, par la division des parties du fluide, la résistance qui vient de la ténacité et du frottement des parties ; mais cette division des parties de la matière ne diminue point sa quantité, et la quantité de la matière restant la même, la force d'inertie reste la même ; et la résistance dont on a parlé ici est toujours proportionnelle à la force d'inertie. Afin que cette résistance diminue, il faut donc diminuer la quantité de matière dans les espaces dans lesquels le corps se meut. C'est pourquoi les espaces célestes dans lesquels les globes des planètes et des comètes se meuvent sans cesse librement en tout sens sans aucune diminution sensible de leur mouvement doivent être vides de tout fluide corporel, si on en excepte peut-être quelques vapeurs très légères et les rayons de lumière qui les traversent ».

Comme on peut le constater, le même schéma conceptuel préside en ces expériences, articulé autour des concepts de force, de force d'inertie et de *conatus*. Ces trois concepts font d'ailleurs l'objet des définitions 5, 6 et 8 respectivement.

Ceci étant, même si du point de vue scientifique ce schéma est tout à fait efficient pour fonder une science mécanique comme la première partie de la *note* l'a démontré, il ne saurait autoriser la conclusion que Newton tire de l'interprétation des expériences susdites dans le *De Gravitatione* :

> « puisque, dit-il [142], la résistance de l'éther est si faible qu'en la comparant à celle du vif-argent, elle semble être plus de dix ou cent mille fois plus petite : on doit raisonnablement considérer

141. Les principes mathématiques de la philosophie naturelle, traduction Du Chastellet, Blanchard, 1966, Tome I, p. 392. On retrouve des propos analogues dans l'Optique, *op. cit.*, Questions 22, 23 et 28.

142. *Cf.* pp. 64, 66 de ce livre.

> que la plus grande partie de l'espace éthéré est comme un vide disséminé entre les corpuscules d'éther ».

Sans doute, les conclusions sont-elles réservées, au moins dans la lettre : il n'est pas dit en effet que « le vide est donné nécessairement ». Toutefois, même en tenant compte de ces réserves, les expériences susdites ne permettent pas non plus de « considérer raisonnablement » que le vide est disséminé dans la nature, sauf à admettre la condition *sine qua non* que Cotes, éditeur de la seconde édition des *Principia* exigea que Newton produisit : à savoir que les particules primitives de matière soient d'identique densité.

La « note » relative aux quatre premières définitions de la science mécanique s'achève sur le point de vue métaphysique adopté dans la seconde partie. Rien de nouveau ne s'en dégage et Newton montre imperturbablement à quel point il est inconscient de l'équivalence logique de ses « preuves » métaphysiques et de celles de Descartes à l'égard des propriétés de l'espace et du corps :

> « Vous voyez ainsi, dit-il en effet, combien l'argumentation cartésienne est fausse et peu sûre, puisqu'en rejetant les accidents des corps, il ne reste pas l'étendue seule, ... mais aussi les facultés par lesquelles des corps peuvent mettrent en mouvement tant les perceptions des esprits, que les autres corps... Ainsi, dans ce que j'ai dit plus haut, j'ai eu raison d'assigner la nature corporelle aux facultés déjà énumérées ».

La conclusion d'ensemble que nous tirons de la seconde partie de cette *note* s'inscrit en partie en faux avec celle de Newton. Car, si la discussion épistémologique initiale fait décider en faveur des concepts scientifiques newtoniens, la discussion métaphysique qui la suit ne permet en rien de se décider en faveur de Newton plus que Descartes.

I.2. Les Définitions 5 à 19

La définition 5 est consacrée au concept de force. Celui-ci avait jusqu'alors [143] désigné la « force du mouvement », sens qui lui était échu en héritage de la mécanique de l'*impetus*. Sans doute, le concept cartésien d'inertie, centre de la première loi de la nature à l'article 37 des *Principes*, marque-t-il une nouvelle étape dans la conception

143. *Cf.* Westfall : *Force in Newton's Physics*, chap. 7, p. 346.

scientifique de la force. Mais, la définition du mouvement vrai comme réciproque avec celle du repos et l'identification de l'espace et du corps qui implique une telle définition grèvent lourdement le progrès de la conception scientifique de « force » : ce que Newton souligne très fortement – rappelons-le – dans la première partie de sa *note*, en montrant que le mouvement peut dans un univers cartésien se produire sans force. Dieu même ne saurait produire un mouvement avec une force, si grande soit-elle.

D'où, la nécessité de donner un statut autre à la force qui confère à ce concept la même valeur de principe fondateur qu'à ceux de lieu, de corps, de repos, et de mouvement préalablement définis.

Dans un univers où l'espace et le corps sont distincts l'un de l'autre et où en conséquence le mouvement est le changement d'une partie d'espace ou lieu à une autre, et le repos la persistance d'un corps en un même lieu, le concept de force doit dénommer à la fois le pouvoir de mouvoir et le pouvoir d'arrêter un mouvement et de maintenir un corps au repos. Elle est donc non plus le « principe causal du mouvement » mais aussi celui du repos. Elle est ainsi soit « externe » et imprimant au corps un mouvement quelconque soit « interne » et conservant à un corps le mouvement ou le repos qui lui est « attaché » *(indita)*. Mais par ailleurs, de par les définitions 3 et 4 du repos et du mouvement, la force mesure non pas un état mais un *changement d'état,* que cet état soit le mouvement ou le repos ou l'absence de changement d'état. D'où, le progrès considérable accompli par rapport à la mécanique de l'*impetus* et à la physique cartésienne. Pour qu'un corps puisse changer de lieu dans l'espace immobile, il faut qu'il reçoive une force externe pour être transporté en un autre lieu de cet espace. Pour qu'il reste dans le même lieu de l'espace ou qu'il passe d'un lieu à un autre de cet espace, toujours en ligne droite et avec une vitesse constante, il faut qu'une force interne cause le *maintien* de l'état du corps dans l'espace et le temps. Le principe évoqué à l'appui de la force interne est celui de la persévérance de l'être en son état, tout être étant en effet dans l'espace et le temps. Seul, le néant donc n'a pas besoin de force pour « être » tel, c'est-à-dire hors de l'espace et du temps.

Ce principe – remarquons-le – si métaphysique puisse-t-il apparaître, est en fait en harmonie avec l'observation de la constance de la nature en ses comportements, telle qu'elle peut être réalisée avec les moyens de l'époque. Newton souligne d'ailleurs fréquemment cette constance tout au long de sa correspondance.

Soulignons enfin que la définition de la force interne comme principe du mouvement ou du repos « introduit » dans le corps fait l'objet de maintes réserves ultérieurement de la part du savant. En effet, sous la pression des critiques des leibniziens notamment et même de certains de ses disciples les plus convaincus, Newton fut amené à insister sur l'absence de signification physique assignée par lui au concept de « force ». Ceci, pour se défaire de l'objection selon laquelle des principes strictement mathématiques étaient d'abord et avant tout philosophiques puisque les corps étaient conçus comme abritant en lui une force mystérieuse. Mais, à l'époque où le *De Gravitatione* est composé, Newton n'a pas encore rompu avec la métaphysique, comme la deuxième partie de la *note* l'a attesté. Il reste cependant une question en suspens dans ce deuxième volet de la définition 5 : qui « introduit » la force dans les corps ?

La définition générale de la force étant posée, Newton définit les différents types de forces qui déterminent le plus souvent l'état des phénomènes naturels.

Sans doute, est-ce à l'immaturité relative de Newton qu'il faut imputer la pléthore des définitions qui suivent et l'ambiguité qui en résulte parfois.

Ainsi, la définition du *conatus* semble faire double emploi avec la définition de l'*inertie*. En effet, le *conatus* est, dit Newton, une force qu'un obstacle contrarie ou celle qu'un corps développe quand il a à vaincre une résistance. Un corps s'oppose à la résistance de l'air dans son mouvement de chute par exemple, grâce à son *conatus*. Mais pourquoi peut-il s'opposer à l'air sinon parce qu'il a une inertie propre ?

L'inertie est, en effet, « la force interne du corps qui empêche celui-ci de changer facilement d'état sous l'effet d'une force appliquée à ce corps ». Mais, ne peut-on pas dire plutôt que c'est parce que l'air a une inertie qu'il résiste au *conatus* du corps ? Dès lors, le *conatus* n'est-il pas, par là-même, rejeté du côté de la force externe ou *impetus*, définie, elle, comme « la force en tant qu'elle est imprimée à un autre corps » ?

En effet, la force imprimée dénommée ici *impetus* est bien, si l'on se reporte à la définition 5, celle « qui génère, détruit ou change d'une quelconque manière le mouvement imprimé à un corps ». Or, le *conatus* qui consiste à vaincre une résistance semble bien aussi relever de cette espèce de force.

De fait, si le *conatus* a ici un statut spécifique, c'est qu'à la différence de la « force externe » et de la « force interne », il ne maintient ni ne génère, ni ne détruit un état de mouvement ou de repos. Il n'est qu'en tant qu'effort : s'il réussit à vaincre l'obstacle ou s'il échoue, il s'abolit comme tel. Telle est précisément la pression examinée à la définition 9. Toutefois, dans les *Principia,* Newton ne considère plus que deux grands types de forces, celle d'inertie et la force imprimée, où l'on distingue plusieurs cas, tels le choc ou la [144] pression. Celle-ci ne forme plus désormais un cas à part mais est comprise comme l'un des modes de [145] « l'action qui s'exerce sur un corps pour en changer l'état de repos ou de mouvement rectiligne uniforme » ou force imprimée. Or, on peut penser à juste titre que si le *conatus* cesse d'avoir un statut spécifique, c'est précisément parce que Newton a mieux conceptualisé la « force imprimée » et sait la mieux distinguer de la force interne. En effet, à la différence de l'inertie qui est attachée au corps, introduite en lui, propre à lui, la force imprimée, « ne consiste, écrit-il dans les *Principia* [146], qu'en l'action seule et ne reste pas dans le corps, une fois celle-ci achevée ». Car, précise-til, « le corps ne persévère en son nouvel état que par sa force d'inertie ». Dès lors, par l'identification du concept d'action [147], Newton peut trancher l'ambiguité qui affecte ici le statut du *conatus* : la pression, en tant qu'effort, ne produit qu'une action qui ne reste pas dans les corps pressés. Qu'elle demeure, réussisse ou échoue, son action ne reste pas dans le corps sur laquelle elle s'exerce : or, en elle seule consiste toute force imprimée.

Tandis que la pression est seulement citée comme l'une des sources de force imprimée dans les *Principia,* elle est assez longuement définie dans le *De Gravitatione,* précisément de par le rôle de premier plan

144. *Principia mathematica,* Définition 4.

145. *Les Principia de Newton, op. cit.,* note 12, p. 26.

146. *Id.* p. 26.

147. Dans les *Principia mathematica,* Newton confère au concept d'action, un sens scientifique assez proche du concept moderne de « puissance » ou rapport du travail par le temps. Nous avons discuté ce point dans notre étude, p. 46 (Les Principia, note 12).

que lui confère Newton ultérieurement dans les deux seules propositions scientifiques à proprement parler qui suivent les nouveaux « fondements » de la science mécanique. C'est qu'en effet, Newton, s'il n'est pas encore en possession de la loi de gravitation universelle, est déjà engagé dans la phase qui précède l'élaboration de cette loi : la critique du *Système du monde* de 1644. Or, on le verra, pour abattre la théorie des tourbillons sur laquelle ce système est construit, après en avoir prouvé l'inconsistance des fondements, le concept de pression est primordial : la compression des parties d'un fluide est en effet déterminante pour juger de la pertinence de cette théorie.

Espèce de *conatus,* la pression est définie comme effort de pénétration réciproque des parties limitrophes de deux corps : les parties de chaque corps sont à la fois contrariantes et contrariées dans leurs actions sur les parties de l'autre corps. C'est cet effort même de pénétration réciproque qui définit ici la pression, comme cette remarque l'atteste :

> « si [les parties contiguës de deux corps] pouvaient se pénétrer, la pression cesserait »

En 1687, cette force est perçue comme l'un des cas de forces relevant de la loi générale d'égalité de l'action et de la réaction : la traction, l'attraction des corps entre eux en relève aussi :

> « Tout corps, écrit Newton [148], qui exerce une pression ou une traction sur un autre corps subit tout autant de pression ou de traction de la part de celui-ci. Si l'on exerce du doigt une pression sur une pierre, le doigt subit une pression de la pierre ».

Ainsi, dans la mesure où, en 1687, toute action qui définit la force imprimée est démontrée comme étant réciproque, de par la loi III du mouvement, il n'est plus besoin de traiter à part le cas de l'effort ou *conatus* : les propriétés de réciprocité de cette force confusément décrites ici, sont désormais, là, celles de toute force imprimée ou action. On peut donc conclure en toute certitude, des définitions du *conatus* et de la « pression » dans le *De Gravitatione,* que tant le concept scientifique d'action que la loi III où il intervient n'y sont absolument pas entrevus. D'où – on le verra – la portée limitée des deux propositions d'hydrostatique où le concept de pression joue un

148. Les *Principia de Newton, cf.* note 12, Loi III, p. 16.

rôle fondamental. Il n'en reste pas moins que la propriété de la pression ici dégagée – à savoir assurer la communication du mouvement des corps, de l'un à l'autre, par leurs surfaces de contact ou par un point – intervient de manière déterminante dans la critique de la théorie cartésienne des tourbillons élaborée à la fin du Livre II des *Principia,* notamment aux Propositions 51, 52 et 53. En effet, c'est le jeu des pressions qu'exercent entre elles les parties d'une matière fluide entraînée dans un tourbillon qui rend compte de leurs mouvements entre la distance qui sépare le centre de ce tourbillon et sa circonférence : les mouvements sont plus lents quand cette distance est grande et plus rapides quand elle est faible. Or, redisons-le, la loi II de Képler à laquelle obéit le mouvement des planètes implique exactement l'inverse : d'où, l'impossibilité d'expliquer ce mouvement par la théorie des tourbillons de matière fluide.

La définition 10 consacrée à la gravité semble à la fois proche et loin des réflexions des *Principia* :

> « la gravité est la force qui incite un corps à descendre. Entendez ici par « descente » non seulement le mouvement vers le centre de la Terre mais vers n'importe quel point ou région ; ou encore accompli depuis n'importe quel point ».

Sous le vocable de « gravité », il est assigné le contenu d'ensemble de la « force centripète » en 1687 :

> « La force centripète est la force [149] qui attire les corps de toutes parts, les pousse ou leur confère quelque tendance que ce soit, vers un point, comme si ce point était un centre ».

On aurait tort de relever l'absence du mot « attraction » précédemment. Car, ce terme n'est pas pris au sens d'attraction magnétique [150] par Newton, qui d'ailleurs, en 1687, refuse de se prononcer sur le contenu sémantique de ce terme. On pourrait, dit-il, parler aussi bien de « poussée ».

Cette précision étant donnée, la définition de la « gravité » dans le

149. *Id.* p. 26.

150. Il est à noter à ce propos que les lois de l'attraction magnétique ne sont pas du tout les mêmes que celles de la gravitation universelle, comme Newton l'établit dans les Principia, Proposition 6, Livre III, Corollaire 5 (pp. 156, 157 de notre étude sur cette œuvre).

De Gravitatione prend une portée très large. Mais, cette portée est aussitôt considérablement réduite, de par l'absence de conception de la loi d'action et de réaction : en effet, si un corps « descend » vers un point quelconque, ce point ne peut être conçu ici, à son tour, comme « descendant » vers ce corps, par le même type d'action. D'ailleurs, l'exemple donné à l'appui de la définition 10 en témoigne :

> « si l'on considère comme gravité le *conatus* de l'éther qui tourne autour du Soleil pour s'éloigner du centre de cet astre, il faut dire que l'éther qui s'éloigne du Soleil descend. Ainsi, en respectant l'analogie, le plan qui est directement opposé à la détermination de la gravité ou de l'effort sera appelé horizontal ».

Ainsi, la « descente » ne saurait être comprise comme réciproque ni prise pour l'un des nombreux synonymes de l'attraction produits en 1687. Si donc Newton conçoit la gravité comme beaucoup plus générale que Galilée qui la définit comme mouvement de descente vers le seul centre de la Terre, il est encore très loin de la concevoir comme poussée réciproque de deux corps l'un vers l'autre, en fonction de leurs distances et de leurs masses.

Avec les trois définitions 11, 12 et 13, est produit le mode de quantification de chacun des concepts définis qui correspond à une « puissance » soit, le mouvement, la force, le *conatus,* l'*impetus,* l'inertie, la pression et la gravité. On se souvient que le reproche fondamental adressé à Descartes dans la première partie de la *note* précédente concerne l'impossibilité de mesurer le mouvement ni aucune des « puissances » qui contribuent à produire les phénomènes naturels. Comment s'effectue donc la quantification des sept « puissances » désignées ? Remarquons au préalable que le vocable « puissance » dénomme non seulement la force de ce qui est cause du mouvement mais aussi le mouvement lui-même. Vingt ans plus tard, Newton ayant éprouvé et affiné sa terminologie, évite ce mot de « puissance », ambigu de par tout ce que l'histoire a pu le charger depuis Aristote [151], et en tout cas ne lui fait dénoter que ce qui a rapport aux « forces », quelles qu'elles soient.

151. Dans les *Principia,* le vocable de « puissance » semble être réservé à la « force manuelle », les « puissances de la nature » étant désormais dénommées « forces ». Ce propos tiré de la première Préface incline à le penser : « Les Anciens, écrit Newton (p. 14 de notre étude), ont cultivé (la mécanique pratique) en se référant aux cinq puissances relatives aux arts manuels... Mais, nous qui nous occupons non

Deux facteurs interviennent dans la détermination quantitative des « puissances » ainsi dénommées : l'intensité et l'étendue. Que désigne l'inertie ? Képler fait usage de ce terme pour qualifier le mouvement des planètes dans l'*Astronomia Nova* [152]. L'*intentio motus* se produit pour les planètes *cum accessu (ad centrum) mundi* et la *remissio motus* se produit à l'inverse *cum recessu a centro mundi.* Or, les planètes allant plus vite quand elles s'approchent du Soleil, et moins vite quand elles s'en éloignent selon la deuxième loi dite loi des aires, l'*intentio* correspond donc à l'augmentation de vitesse de leur mouvement et la *remissio* à la diminution de vitesse du mouvement.

C'est dans un esprit analogue que Newton définit l'*intensio* des puissances susdites comme étant « le degré de leur qualité ». D'ailleurs, tant les applications numériques qui suivent que la définition 15 de la vitesse permettent de confirmer cette analogie : l'*intensio* du mouvement y est en effet définie comme étant sa vitesse et une « intensité » est conférée aux autres puissances qui est mesurée par la grandeur du mouvement ou du changement de mouvement produit.

> « ... le mouvement est dit plus ou moins intense suivant que l'espace franchi à temps égal, est plus ou moins grand ; et de fait c'est la raison pour laquelle on dit d'un corps qu'il se meut plus vite ou plus lentement... La force, le *conatus,* l'*impetus* et l'inertie sont d'autant plus intenses que, s'exerçant sur un même corps ou un corps étal, ils sont plus grands ».

Soulignons d'ailleurs que le terme « intensité » pour les forces est toujours en usage en physique.

Or, l'*intensio* d'une puissance suffit-elle à mesurer cette puissance ? L'*intensio* d'une pression est proportionnelle à l'accroissement de cette pression sur la surface pressée. Mais, cet accroissement n'indique pas ce que vaut la pression. Il faut connaître également l'étendue de la surface que la pression peut, en tant que « puissance », comprimée. D'où, le second facteur contribuant à déterminer ce que Newton appelle la « quantité absolue » des puissances.

d'arts mais de philosophie et qui traitons non des forces manuelles mais de celles de la nature, nous (traiterons) de la pesanteur, de la légèreté, de la force élastique, de la résistance des fluides... »

152. *Astronomia Nova,* Pars tertia, Caput XXXIII, Virtutem quae planetas movet, residere in corpore Solis.

> « L'étendue d'une puissance est la quantité d'espace sur lequel elle s'exerce ou la quantité de temps dans lequel elle s'exerce ».

Ainsi, la « quantité absolue » d'une pression sera-t-elle mesurée à la fois par « l'intensité de la pression et la quantité de surface pressée ». Pourquoi cette « quantité est-elle dite « absolue » ? Peut-être Newton souligne-t-il par là qu'il n'y a pas d'autre détermination quantitative d'une puissance qui soit plus complète : le cadre mathématique dessiné par ces deux facteurs serait à ce titre « absolu ». Cela étant, comment l'*intensio* d'une puissance et son étendue entrent-elles en rapport pour déterminer la « quantité absolue » ? Il semble bien que cette quantité soit systématiquement évaluée par le produit de ces deux facteurs :

> « Définition 13 : [La] quantité absolue [d'une puissance] est la quantité composée de son intensité et de son étendue. Par exemple si la quantité de l'intensité est 2, celle de l'étendue, 3, le produit de l'une par l'autre donnera 6 pour la quantité absolue ».

De même, la détermination de cette quantité, quand l'étendue de la puissance s'évalue par rapport au temps, s'effectue par le moyen d'un produit :

> « ... si un corps de masse 2, écrit Newton, se meut à une vitesse 3 et dans un temps 4 : le mouvement tout entier sera 2 × 3 × 4, soit 12 ».

Or, il est difficile de déceler en fonction de quelle théorie mathématique et de quelles expériences, la quantité absolue a été ainsi posée. Un fait est sûr, c'est que le produit de l'*intensio* d'une puissance par son étendue ne saurait être pris pour mesure constante de cette quantité. Ainsi, par exemple, la pression doit être, en fait, mesurée par le quotient et non par le produit de la force exercée par un corps sur une surface donnée et de la quantité de surface pressée.

Quant à la quantité absolue du mouvement, elle correspond dans l'ensemble à ce qui sera défini ultérieurement par le savant comme la quantité de mouvement et en ce cas c'est effectivement le produit de l'*intensio* et de l'étendue qui donne cette quantité :

> « La quantité absolue du mouvement est la quantité composée à la fois de la vitesse et de la grandeur du corps mû ».

Toutefois, la notion de masse n'est pas encore conçue comme distincte du poids. A l'instar de tous ses contemporains, Newton fait usage du terme de *grandeur*.

La définition des *Principia* est [153], sous ce rapport, différente :

> « La quantité de mouvement d'un corps est la mesure que l'on tire à la fois de sa vitesse et de sa quantité de matière ».

Or, la quantité de matière est, dit Newton, [154] « repérée par le poids de chaque corps » et proportionnelle à [ce] poids ». C'est – redisons-le – sur la distinction entre masse et poids et sur la connaissance de leur rapport mathématique, que s'articule tout le système de la gravitation universelle, démontré au troisième livre des *Principia.*

Quant à l'évaluation du « mouvement entier » *(totus motus)* par le produit de la masse, de la vitesse et du temps, il est encore plus difficile de cerner le cheminement newtonien et en quoi la quantité absolue du mouvement est distinguée de celle du « mouvement entier ». De fait, cette dernière quantité reviendrait à ne faire intervenir que la masse et l'espace parcouru puisque la vitesse est le rapport de cet espace par le temps : le temps n'interviendrait donc pas dans cette quantité absolue contrairement à la définition de celle-ci.

Ainsi, il semble que l'auteur n'ait pas encore une idée très assurée de la manière dont la quantification des « puissances » puisse être effectuée. Son exercice de quantification reste très confus.

Les cinq dernières définitions sont consacrées à la densité des corps et de ses implications. La question du vide est alors reposée d'un autre point de vue.

La densité [155] est proportionnelle à l'intensité de la force d'inertie d'un corps, c'est-à-dire à la « force interne » avec laquelle il résiste avec l'ensemble de ses parties. D'entrée de jeu, donc, le problème de la conception de la raréfaction et de la condensation est au cœur de cette définition. Mais, que faut-il considérer comme « parties du

153. Définition 2, p. 25, *op. cit.,* note 12.

154. Définition I, p. 25, *idem.*

155. Newton avait initialement séparé en deux définitions la densité et la rareté puis se ravisant il les a regroupées.

corps » ? De quoi est fait ce que Newton désigne comme étant la « grandeur » ou la *moles* du corps ?

C'est à l'occasion de la raréfaction et de la condensation qu'est abordé ce problème. Au préalable, l'interprétation épicurienne et cartésienne sont discutées puis écartées. Comme Épicure, Newton – on l'a vu – pose le vide comme nécessaire à la réalisation des mouvements des corps. Mais, il s'y oppose dans la manière de faire intervenir le vide pour déterminer la grandeur des corps. Selon Épicure, en effet, c'est la plus ou moins grande quantité de pores vides à l'intérieur d'un corps qui permet d'estimer sa légèreté ou sa pesanteur.

> « Si un flocon de laine contient autant de parties solides qu'une masse de plomb, écrit Épicure, il devra peser autant, puisque le propre de la matière est de tendre en bas et que le vide seul est par nature dépourvu de pesanteur. Ainsi de deux corps compris sous la même surface, le plus léger est celui qui renferme le plus de vide et le plus pesant celui qui a le moins d'interstices et le plus de densité. La raison... montre donc clairement en eux l'existence d'un vide disséminé [156] ».

Les atomes ou parties solides qui « tendent par leurs propres poids vers les régions inférieures » n'interviennent donc pas comme tels pour comparer les poids des corps entre eux mais seulement leur quantité relative au vide dans les corps. Plus il y a de vide par rapport à la quantité d'atomes en un corps, plus ce corps est léger ; moins il y en a, plus il est pesant. Mais, il semble étrange de faire intervenir la présence du vide ou encore la quantité de pores séparant les parties solides d'un corps pour estimer le poids de ce corps, quand on admet que ce vide n'a lui-même aucun poids. Or, précisément, Épicure distingue comme ses contemporains le « pesant » du « léger » et de ce point de vue le vide doit intervenir « quantitativement » en quelque sorte, pour déterminer non pas « le poids » du corps mais, s'il est « pesant » ou « léger ».

Voilà ce qu'un héritier de Galilée ne saurait admettre.

156. *Cf. : Épicure et les Épicuriens*, textes choisis, Jean Brun, P.U.F., 1976, *La Physique*, p. 83. Soulignons que l'erreur d'interprétation tant de la conception d'Épicure que de celle de Descartes aurait pû être évitée par la lecture de More : *Philosophematum de Principiis motuum naturalium*, p. 340, 9).

Quant à la critique de la conception cartésienne de la raréfaction, elle nous paraît encore moins fondée. En effet, selon Descartes :

> « ... nous ne devons point... attribuer [à un corps] l'étendue qui est dans les pores ou intervalles que ses parties n'occupent point lorsqu'il est raréfié, mais aux autres corps qui remplissent ces intervalles ; tout de même que, voyant une éponge pleine d'eau ou de quelqu'autre liqueur, nous n'entendons point que chaque partie de cette éponge ait pour cela plus d'étendue, mais seulement qu'il y a des pores ou intervalles entre ses parties, qui sont plus grands que lorsqu'elle est sèche et plus serrée ».

Ce faisant, l'argumentation ou la diminution des pores n'intervient en rien pour déterminer la grandeur du corps ou encore, en termes cartésiens, son étendue. L'« étendue » ou grandeur d'un corps est donc la même, que ce corps soit condensé ou raréfié. L'« étendue » correspondant aux pores doit être seulement attribuée aux corps qui occupent ces pores : par exemple, l'eau ou la liqueur dont l'éponge est remplie.

« [Un corps condensé], précise en effet Descartes, ne laisse pas d'avoir tout autant d'extension que lorsque ces mêmes parties, étant éloignées les unes des autres et comme éparses en plusieurs branches, embrassaient un plus grand espace ».

Il semble donc erroné de prétendre comme le fait ici Newton, que Descartes évalue la grandeur du corps tout entier, « tant par la quantité de ses parties que par celles de ses pores » et qu'il fait jouer à ces pores « le rôle de parties », de telle manière que « les différents degrés d'inertie du tout [résultent] du mélange de ces parties avec les parties véritablement corporelles ». L'auteur des Principes récuse indéniablement l'idée que la grandeur d'un corps puisse être celle d'un composé corps-pores.

Or, comment Newton évalue-t-il la « grandeur d'un corps » ? La discussion précédente des thèses épicurienne et cartésienne inclinerait à penser qu'une telle évaluation requiert que l'on fasse complètement abstraction de la présence des pores au sein des corps. Telle est la démarche adoptée par le savant en 1687 comme en témoigne la précision produite dans la définition I des *Principia* :

> « Je ne tiens [157] aucun compte (pour déterminer de la quantité de

157. Définition I, p. 25, Id.

> matière des corps) du milieu, s'il y en a un, qui circule librement entre les parties des corps ».

Mais, contre toute attente, le corps est compris dans le *De Gravitatione* comme un « composé » ou mélange uniforme de « parties » et de « pores » :

> « Imaginez, dit l'auteur, que [les] parties du corps sont infiniment divisées et disposées partout à travers ses pores, de sorte que dans le composé tout entier il n'y a pas la moindre particule d'étendue où il n'y ait pas de mélange absolument parfait de parties et de pores ainsi divisées à l'infini. Assurément, c'est à la lumière de ce raisonnement qu'il est convenable pour les Mathématiciens de considérer [les corps] ».

Nous avouons ne pas comprendre l'intérêt qu'il y a à « noyer » le « vide » au sein des parties du corps, pour raisonner en tant que mathématicien. Peut-être, une telle conception doit-elle beaucoup à la lecture de Henry More, comme en témoigne ce passage des *Quaestiones*.

> « ... la matière primitive doit être faite d'atomes, assez petits pour être indiscernables. Le remarquable Docteur More l'a prouvé de manière irréfutable en son livre sur l'immortalité de l'âme. Supposez donc que deux globes aillent au devant l'un de l'autre : ils devront franchir tous les degrés intermédiaires de la distance qui les sépare avant de se toucher. Supposez maintenant qu'ils soient séparés d'une distance égale à la moitié de l'épaisseur du plus petit atome : aucune matière ne pourra s'interposer entre eux puisque la plus petite est trop large à cette fin ; pas davantage les globes ne se toucheront, sauf à dire que la moitié de l'épaisseur d'un atome est un point mathématique. C'est donc le vide qui doit s'interposer entre eux. »[158]

Il n'en reste pas moins que le problème délicat posé par la présence des pores au sein des corps et soulevé à travers les critiques précédentes nous semble être ainsi davantage miniaturisé et disséminé que résolu. Par là-même, le critère de la densité ou de la rareté d'un corps reste incertain puisque le mois d'évaluation de la grandeur dont dépend l'inertie ou force interne des corps est lui-même mal défini.

158. *Op. cit.*, p. 4, Of Atoms. Of a vacuum and Atoms.

Le concept de densité joue pourtant un rôle de premier plan, dans la distinction des corps durs et fluides et dans l'élaboration des deux propositions sur lesquelles s'achève le *De Gravitatione*. En effet, c'est la différence de condensabilité qui permet d'établir cette distinction.

D'où la définition préalable de l'« élasticité » :

> « Définition 16 : un corps élastique est un corps qui peut être condensé par une force de pression ou être comprimé à l'intérieur d'un espace plus étroit ; et le corps non élastique est un corps qui ne peut pas être condensé par cette force ».

Ce concept toutefois ne fait pas ici davantage l'objet d'une élaboration scientifique, comme ce sera le cas plus tard [159] et notamment dans les *Principia* où un corps est dit élastique quand sa force de restitution est exactement égale à sa force de pression. Un corps non élastique est celui qui ne restitue pas toute la pression qu'une force a exercée sur lui. Mais, de toute évidence, cette élaboration du concept d'élasticité suppose maîtrisée la loi [160] d'égalité de l'action et de la réaction qui n'est – rappelons-le – pas même entrevue dans le *De Gravitatione*.

Ceci étant posé, un corps est dit dur (Définition 17) quand ses « parties ne cèdent à aucune pression » réciproque. Ce corps a donc une inertie très « intense », conformément à la définition de la densité. Le corps fluide, au contraire, « cède à une pression forte » réciproque. Il faut souligner que la définition de la fluidité produite au Livre II des *Principia* s'inscrit [161] dans le prolongement de celle-ci, à une nuance près, concernant l'intensité de la pression réciproque :

> « Définition du fluide : les corps fluides sont, écrit Newton, ceux dont les parties cèdent à toute espèce de force qui agit sur eux et qui se meuvent très facilement entre eux ».

159. *Cf. Correspondence of Newton*, III, Turnbull, p. 60. n° 349, *A manuscript by Newton* (1672 ?) :

> « Some observations about Motion... The bodies here among us (being an aggregate of smaller bodies) have a relenting softness and springness which make their contact be for some time and in more points than one. And the touching surfaces during the time of contact do slide one upon another more or less or not at all according to their roughness. And few or none of these bodies have a springness so strong, as to force them one from another with the same vigor that they came together ».

160. *Cf. Principia mathematica*, 1687, *Scholie des Lois*.

161. *Les principes mathématiques...*, trad. Du Chastellet, *op. cit.*, p. 161.

Ainsi, enfermé [162] dans un vase inflexible et comprimé de toutes parts, un fluide, dont on a rompu l'équilibre par l'action d'une pression en un point, retrouve cet équilibre. Autrement dit, le « déplacement » du fluide est celui de ses parties, alors que celui du corps dur est celui du corps entier. Sur ce point, l'explication qui étaie la *Définition* 19, vient préciser les définitions 17 et 18. En effet, le corps dur est supposé « [former] un seul corps, indivisible, uniforme et conservant très fermement sa figure », tandis que le fluide est supposé « uniformément divisé en tout point ». D'où, l'immobilité des parties de l'un, la mobilité des parties de l'autre.

Cela étant, raisonner en mathématicien à propos de physique contraint à faire des hypothèses simplificatrices.

> « Dans ces définitions, précise Newton, je ne me réfère qu'aux corps absolument durs ou aux fluides, car l'on ne peut raisonner mathématiquement sur des corps de nature intermédiaire à cause des innombrables particularités qui tiennent aux figures, aux mouvements et à la texture des plus petites particules ».

C'est précisément à l'aune de ces hypothèses simplificatrices que Newton assigne au fluide une spécificité propre : il n'est pas constitué de particules dures mais est fluide en tout point. Sans doute, les articles 54 et 56 de la deuxième Partie des Principes de 1644 ne sont pas cités explicitement : mais, les termes employés renvoient indubitablement à cette source. En effet, pour Descartes « les parties [163] des corps liquides cèdent si aisément leur place qu'elles ne font pas de résistance à nos mains lorsqu'elles les rencontrent... ; au contraire, les parties des corps durs sont tellement jointes les unes aux autres, qu'elles ne peuvent être séparées sans une force qui rompe cette liaison qui est entre elles ». Ainsi, les parties du fluide cartésien sont aisément séparables les unes des autres parce qu'elles se meuvent *actuellement* [164], bien que nous ne le voyions pas, comme l'atteste la corruption produite sur les autres corps par l'eau ou l'air. Au contraire, les [165] parties du corps dur sont en repos relatif entre elles. Telle [166]

162. Telle est l'expérience réalisée aux Propositions 1 et 2 sur le fluide non élastique.

163. *Principes,* II, art. 54, *op. cit.,* p. 94.

164. *Id.,* art. 56, p. 95.

165. *Id.,* art. 55, p. 94.

166. *Id.,* art. 54, p. 94.

est « la cause pourquoi certains corps cèdent leur place sans faire de résistance et pourquoi les autres ne la cèdent pas de même » : c'est que « les corps qui sont déjà en action pour se mouvoir, n'empêchent point que les lieux qu'ils sont disposés à quitter d'eux-mêmes, ne soient occupés par d'autres corps ; mais, ceux qui sont en repos, ne peuvent être chassés de leur place, sans quelque force qui vienne d'ailleurs, afin de causer en eux ce changement ».

Cette supposition [167] permet à Descartes de conférer au fluide un mouvement permanent et ainsi de lui assigner la responsabilité du transport des planètes aux troisième et quatrième *Parties* des *Principes*.

Mais, sans même rappeler qu'un tel fluide doit opposer de la résistance au mouvement des planètes, comment peut-on concevoir que les parties d'un corps soient en mouvement incessant entre elles ? Bien plus, quelle est la cause de ce mouvement et comment expliquer que le mouvement des parties du fluide les unes par rapport aux autres ne soit pas progressivement freiné ? Descartes effleure ces questions dans le *Traité de la Lumière* [168].

> « Je ne m'arrête pas à chercher la cause [des] mouvements [de tous les corps dont les liquides] : car il me suffit de penser qu'elles ont commencé à se mouvoir, aussitôt que le Monde a commencé d'être. Et cela étant, je trouve, par mes raisons, qu'il est impossible que leurs mouvements cessent jamais, ni même qu'ils changent autrement que de sujet. C'est-à-dire que la vertu ou la puissance de se mouvoir soi-même, qui se rencontre dans un corps, peut bien passer tout ou partie dans un autre, & ainsi n'être plus dans le premier, mais qu'elle ne peut pas n'être plus du tout dans le Monde ».

Autrement dit, les questions de la cause du mouvement sont traitées en termes théologiques : Dieu étant le garant de la conservation de la même quantité de mouvement, il n'est pas possible que les parties du fluide perdent progressivement leur mouvement. Certes, la réponse est un peu décevante pour qui veut fonder la science mécanique...

167. *Principes*, II, art. 56, *op. cit.*, p. 95.

168. *Le Monde* ou *Traité de la lumière*, ed. Adam et Tamery, Volume XI, Vrin, chap. III, p. 11.

Au contraire, en admettant que les parties du fluide sont seulement mobiles les unes par rapport aux autres, les questions précédentes n'ont plus à être posées. D'ailleurs, comment concevoir qu'un mouvement puisse se produire sans une force ? La définition newtonienne du fluide parfait, qui n'est peut-être pas tel dans la nature, est à cet égard cohérente avec celle du mouvement de l'espace et du corps, dont nous avons montré qu'elles étaient à juste titre requises pour fonder la science mécanique.

La dernière définition pose une notion qui intervient de manière primordiale dans les deux propositions finales, celle de « contenant d'un fluide ».

> « Le contenant d'un fluide est la limite en laquelle est comprise soit la surface du corps... qui contient ce fluide, soit la surface d'une partie extérieure du dit fluide qui contient une partie intérieure ».

De fait, si l'on se reporte à la définition de la surface d'un corps produite [169] comme étant « la limite commune des parties d'espace » ou de matière, on ne peut pas ne pas remarquer une certaine contradiction avec l'ultime Définition 19. Pourquoi, en effet, faudrait-il admettre une « limite » (ou contenant) pour contenir une autre « limite » (ou surface) sinon parce que cette autre « limite » serait non pas « la frontière de deux espaces » mais un espace même ?

De fait, l'examen des deux propositions où la notion de « contenant d'un fluide » intervient montre que cette contradiction est à imputer à une ambiguïté de vocabulaire dans la définition 19. En effet, en ces propositions, la surface du corps joue bien elle-même, conformément à la définition qui en a été donnée dans la *note*, le rôle de *limite* entre le fluide et l'espace extérieur.

II. Axiomes

Conformément au modèle euclidien, deux axiomes sont énoncés à la suite des définitions et avant les propositions. Ce schéma général de présentation reste inchangé en 1687. Toutefois, tandis qu'ici sont produits des axiomes très généraux sans explication ni justification

169. *Cf.* : 1re propriété de l'espace, p. 38 de ce livre.

expérimentale ou mathématique d'aucune sorte, dans les *Principia* les trois axiomes ou lois générales du mouvement sont assorties de telles justifications et de leurs applications mécaniques.

De fait, le premier axiome, lieu commun de la philosophie de cette époque, appelle peu de remarques. Très souvent produit dans les premiers écrits péripatéciens [170] de Newton. Il énonce ce que l'on appelle le « principe de causalité ».

Sans doute, le savant ne renonce-t-il pas à ce principe ultérieurement mais il le raffine aussi considérablement. Ainsi, à la *Regula 2* des Principia [171] ce principe prend la forme d'une règle d'analogie féconde pour le physicien :

> « Il faut assigner les mêmes causes aux effets naturels de même genre, autant que faire se peut ».

Le second, en revanche, aurait nécessité une plus ample justification. Il est d'ailleurs cité en 1687, comme exemple de la Loi III du mouvement :

> « La réaction est [172] toujours contraire et égale à l'action : ou encore les actions que deux corps exercent l'un sur l'autre sont toujours égales et dirigées en sens contraire ».
>
> « Tout corps qui exerce une pression ou une traction sur un autre corps, subit tout autant de pression ou de traction de la part de celui-ci ».

Un exemple de l'application de cette loi au cas de la pression est manifeste au cas 3 de la Proposition 19 du Livre II des *Principia* :

170. *Contractio, op. cit.*, p. 46 gauche du manuscrit, 7). *Axiomes,* 3) *Au sujet de la doctrine de la cause et du causé :*

> « A telle cause, tel effet, (1. Cette règle ne doit pas être entendue pour ce qui est la raison formelle de la cause ou pour ce qui convient à la cause selon la raison formelle ; mais pour ce qui convient à cette cause selon l'entité absolue ou selon la chose dont la cause dénommée est le substrat. 2. Cette cause doit être univoque, non équivoque) ». Nous traduisons du latin.
>
> Soulignons également que Daniel Stahl en donne une très longue explication dans les *Regulae Philosophicae... Axiome* 1, *Partie* 2, 4e *Disputatio, Regulae* VII, pp. 116 à 118, *op. cit.*

171. « ... il faut assigner les mêmes causes aux effets naturels de même genre, autant que faire se peut » (édition de 1727).

172. Loi III, *op. cit.*, note 12, p. 65.

> « Je dis [173]... que la pression de plusieurs parties sphériques [d'un fluide immobile et homogène] est égale, car les parties sphériques contiguës se pressent mutuellement et également dans le point de contact par la troisième loi du mouvement, mais... elles sont [aussi] pressées de toutes parts par la même force. Donc deux parties quelconques sphériques non contiguës sont pressées par la même force, parce qu'une partie sphérique intermédiaire peut toucher l'une et l'autre ».

Mais, on ne peut s'étonner du défaut de perspective scientifique de l'axiome ici produit, étant donné l'absence de connaissance de la loi III.

III. Propositions

Deux propositions, cinq corollaires et un Scholie sont énoncés pour des fluides non-élastiques [174]. Ces propositions — notons-le — sont reprises en 1687 à la *Proposition* 19 du Livre II.

> « Toutes les parties d'un fluide immobile et homogène enfermé dans un vase quelconque immobile dans lequel il est comprimé de toutes parts [en faisant abstraction de la gravité, de la condensation, et de toute espèce de force centripète] sont également pressées de tous les côtés et chacune reste dans son lieu, sans que cette pression ne produise aucun mouvement ».

La fin de la proposition (« et chacune... mouvement ») correspond à la *Proposition* II du *De Gravitatione*. Il y a en outre deux figures ici, une seule là.

173. *Principes mathématiques de la Philosophie Naturelle,* tome I, p. 302, éd. Blanchard.

174. Que Newton dans l'énoncé de la première proposition ait tenu à préciser qu'il se place dans le cas d'un fluide qui ne gravite pas (il a d'ailleurs barré *fluidi non elastici* et mis à la place *fluidi non gravitantis*) témoigne d'un indéniable malaise devant le problème de la gravitation. En effet, le fluide qui gravite est animé de forces centripètes qui viennent compliquer le calcul de l'équilibre de pressions auquel se livre ici le jeune auteur. Il n'est d'ailleurs pas sans intérêt de remarquer que les propositions 20 et suivantes de la *Section* 5 du *Livre* III des *Principia mathematica* font, elles, intervenir de telles forces, la notion de force de gravité étant alors maîtrisée.

A la première figure du *De Gravitatione* correspond le cas 1 de la *Proposition* 19 du Livre II : à savoir qu'une partie de couche concentrique dans le fluide considéré ne peut se mouvoir ni vers le centre ni vers la circonférence ni d'un côté ni de l'autre, sans entraîner en même temps tout l'orbe auquel elle appartient (par définition même du fluide). On suppose en outre que chaque couche sphérique est délimitée par son contenant et retenue à l'intérieur de cette limite. Il est à noter toutefois que la démonstration s'effectue dans les *Principia* sans le secours de cet ambigu concept et en est d'autant simplifiée. De fait, pourquoi poser des « limites » retenant çà et là le fluide comprimé dans AB et risquer ce faisant d'affaiblir la démonstration ? D'après la définition 19, en effet, la « limite » ne saurait être dépassée et par conséquent en posant des limites en ce sens à l'intérieur de AB, on ne peut conduire la démonstration de la Proposition I : on ne fait que se conformer aux implications de la définition 19.

A partir de 1687, la supposition de « limites » DC et FE y est remplacée par l'idée que la pression à égale distance d'un point est

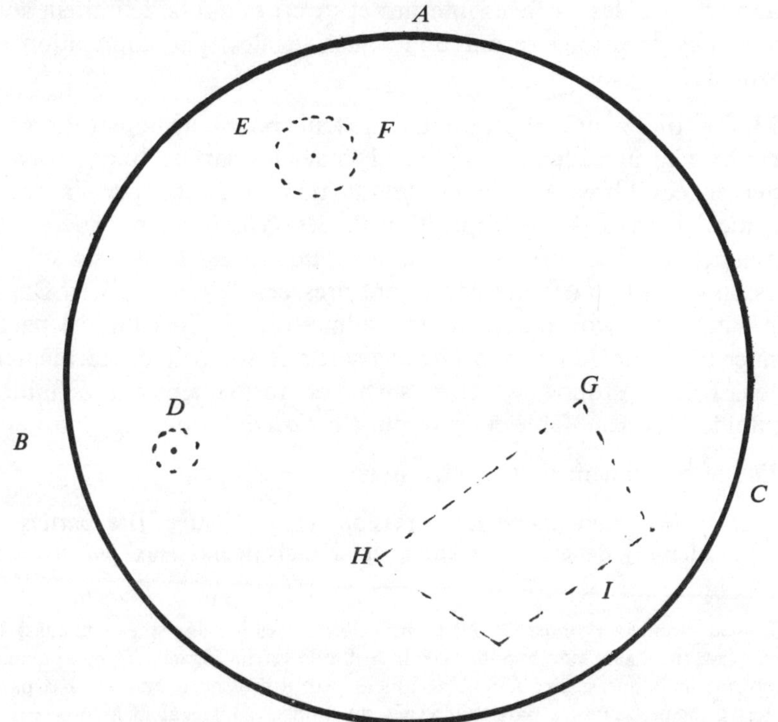

Figure de la proposition 19 : Principia mathematica.

égale et que donc si une partie de fluide est supposée se condenser vers le centre, vers la circonférence ou sur un côté, les autres parties qui sont dans le même orbe en feront autant. Mais, par hypothèse, le fluide est uniformément comprimé. Ainsi, les parties du fluide ne sortent pas de leurs lieux [175]. Soulignons à cet égard que l'expression « franchir ces limites » est remplacée dans les *Principia* par « sortie de son lieu » : ce qui est en meilleur accord avec les définitions newtoniennes du corps et du lieu. L'auteur aurait d'ailleurs pu aussi employer cette dernière expression dans le *De Gravitatione,* ces définitions y étant déjà posées.

Le deuxième moment de la démonstration des deux Propositions lui aussi pose quelques problèmes. Il correspond au cas 2 de la Proposition 19. On tend à démontrer que toutes les parties sphériques du fluide considéré exercent les unes sur les autres une pression égale. Soit une partie sphérique placée n'importe où en ce fluide. Comme toutes les parties restent en équilibre, d'après ce qui précède, cette partie doit le rester aussi. Par conséquent, les effets des pressions de cette partie sur les surfaces internes et externes qui la délimitent sont égaux. Les pressions seront donc aussi égales, par application de l'axiome I.

Mais — on l'a vu — il est difficile de tenir pour « démonstration » le cheminement précédent, selon lequel toutes les parties fluides doivent rester en équilibre. Au demeurant, la démonstration par l'absurde effectuée au cas 2 de la Proposition 19 des *Principia* n'est guère plus convaincante : elle consiste à démontrer que toutes les parties sphériques du fluide doivent être également pressées de toutes parts. Car si l'on suppose le contraire, on doit admettre à la fois qu'une partie donnée du fluide doit à la fois ne pas sortir de son lieu, conformément au cas 1 de la Proposition et en sortir, conformément à la définition du fluide très semblable à celle du *De Gravitatione.*

Or, le raisonnement s'achève ainsi :

> « Mais avant que [la] pression fut augmentée, [les parties du fluide] devaient demeurer ainsi dans leurs lieux par le... cas

175. Cela étant, la *Proposition 19* est loin d'éviter les paralogismes elle-aussi. En effet, Newton posant par hypothèse que le fluide est uniformément et également comprimé dans une sphère A B C, comment peut-il prétendre démontrer, à partir de tels principes, que les parties internes du fluide... sont également pressées de toutes parts ?

> premier et la pression étant augmentée, elles doivent sortir de leurs lieux par la définition du fluide, or ces deux choses sont contradictoires ».

De fait dans le cas 1 cité, les parties ne peuvent sortir de leurs lieux, car elles n'ont pas d'autre mouvement que celui venant de la pression qui est à égale distance du centre. Mais, comment supposer qu'on ait en même temps des pressions égales et inégales en un *même* point : telle est bien l'hypothèse dans laquelle l'auteur se place pourtant. Il n'y a donc contradiction au terme de cette hypothèse par l'absurde que parce que le problème est posé en termes contradictoires.

La fin de la démonstration du *De Gravitatione* correspond au *cas 3* de la *Proposition* des *Principia.*

> « Je dis... que la pression de plusieurs parties sphériques est égale, car les parties sphériques contiguës se pressent mutuellement et également dans le point de contact par la troisième loi du mouvement, mais par le cas second, elles sont pressées de toutes parts par la même force. Donc deux parties quelconques sphériques non contiguës sont pressées par la même force, parce qu'une partie sphérique intermédiaire peut toucher l'une & l'autre ».

Newton induit donc à toutes les surfaces sphériques placées de n'importe quelle façon dans le fluide ce qu'il a voulu démontrer pour l'une d'elles, en s'appuyant implicitement sur l'axiome 2. Il convient toutefois de souligner que cette induction charrie elle aussi avec elle les imperfections des précédentes « démonstrations ». Ce jeu n'apporte rien de bien nouveau à la précédente démonstration.

Soit à démontrer, en dernier lieu, que les parties d'un fluide de n'importe quelle forme se meuvent avec une pression égale et que cette compression ne produit pas de mouvement relatif de ces parties : tel est l'objet de la Proposition II. A ce dernier cas, correspondent les cas 4 et 5 de la *Proposition* 19 des *Principia.*

On imagine un fluide D, de forme quelconque, extérieur au fluide AB et comprimé partout également comme lui. Dans AB, une partie δ est semblable à D. Le raisonnement consiste à importer à D ce que l'on peut dire de δ, en fonction des cas précédents.

Une première remarque s'impose : pourquoi l'auteur démontre-t-il que la pression des fluides D et δ est la même et qu'ainsi leurs effets le sont aussi ; alors que dans le cas d'un fluide en forme de sphère, il remonte de l'identité des effets à l'identité des causes, de par l'axiome 1... Or, que l'on puisse prendre le problème par un bout ou par l'autre, n'est-il pas le signe d'un « cercle », l'équilibre ou repos relatif pouvant être « fondé » sur l'égalité des pressions et vice-versa ? En fait, l'équilibre est non l'effet de l'égalité de la pression mais sa définition même et l'on ne peut pas déduire le défini de sa définition.

En outre, on se fonde sur le fait que la partie δ de forme quelconque est comprimée par la même pression que celle de la sphère AB, en laquelle elle est contenue : mais ce fait n'a pas été rigoureusement démontré précédemment de manière satisfaisante, rappelons-le.

Cela étant, la démonstration est différente dans les *Principia,* Newton s'appuyant alors sur ce qui est appelé axiome 2 dans le *De Gravitatione* et qui est devenu désormais l'un des cas particuliers de la loi 3. Il procède là en deux temps : toutes les parties sphériques ou non d'un fluide sphérique sont pressées partout également (cas 4). Puisqu'une partie quelconque de ce fluide est également pressée de tous côtés et que toutes ses parties le sont aussi, toutes les parties d'un fluide quelconque se pressent mutuellement et sont en repos relatif (cas 5).

De fait, la comparaison entre les démonstrations du *De Gravitatione* et des *Principia* montre une indéniable différence de rigueur. En effet, l'essentiel de l'argumentation – à savoir que les *parties* des fluides D et δ sont également comprimées et non pas seulement ces fluides mêmes – n'est pas démontré dans le *De Gravitatione,* alors qu'il l'est en 1687.

Les *Corollaires* n'apportent pas de nouvel éclairage à ces démonstrations. Dans l'ensemble, ils ne font que faire saillir des chaînons des précédents raisonnements. Ainsi, si l'on admet ces démonstrations, il est évident que les parties internes d'un fluide exercent une pression mutuelle égale à celle des parties externes ; que l'inégalité de pression entraîne ou plutôt signifie le déséquilibre du fluide (sous cet aspect, les *Corollaires* 3 et 4 tiennent le même discours) ; que la pression des limites du fluide sur le fluide est la même que celle du fluide sur ses limites ; enfin que le contenant du fluide est la limite de ce fluide, pour autant qu'il puisse résister à la pression du fluide. Or, toutes ces propriétés du fluide ont été supposées dans les démonstrations qui précèdent et ne peuvent donc être posées comme des « Corollaires ».

Enfin, le *Scholie* qui clôt cet opuscule répète sous une autre forme une remarque qui est enchassée à la fin du deuxième moment de la démonstration et que nous avons commentée en ce lieu.

CONCLUSION

Il faut désormais apprécier l'ensemble du projet au terme duquel Newton pose de nouveaux fondements de la science de la gravitation et de l'équilibre des fluides et des solides dans les fluides. Les nouveaux concepts ici définis peuvent-il être considérés comme véritablement *fondateurs* de la mécanique ?

La réponse à cette question requiert que l'on rappelle les deux aspects sous lesquels sont produits les arguments de la *note* justifiant non pas seulement les quatre premières définitions mais — comme on en a pu juger — l'ensemble de l'appareil fondateur de la nouvelle mécanique. De ces deux aspects, l'un relève de la critique épistémologique, l'autre de la dialectique métaphysique. Ainsi, tandis que le second produit comme un « appendice » inutile à la critique précédente, le premier produit une démonstration réussie selon laquelle la physique cartésienne ne parvient à s'instaurer comme science qu'en s'appuyant sur des concepts qu'elle récuse.

Dès lors, une question s'impose : si Newton est capable de trouver quels concepts doivent fonder efficacement la mécanique mais non de leur assigner un contenu cohérent, a-t-il vraiment gagné son procès contre Descartes ? Peut-on admettre sans conteste que ce contenu ne contamine pas d'une manière ou d'une autre la forme générale des fondements de la mécanique produite au début de la note ? Au moment de terminer ce livre, nous voudrions mettre à l'épreuve cette interrogation, une dernière fois.

Il faut remarquer à ce propos que Newton ne fait pas usage du même critère pour déterminer le cadre conceptuel général qui permet de fonder la science mécanique d'une part et pour assigner un contenu précis à ce cadre d'autre part. Le premier critère relève de la pratique mécanique : ce sont les *exigences de mesure* des différents états des corps, elles-mêmes dépendantes des techniques de mesure de l'époque, qui requièrent – rappelons-le – la distinction de l'espace et du corps et ses implications. Voilà ce que prouve d'une manière irréfutable le *De Gravitatione* : *ce n'est pas,* comme on l'a dit si souvent, *des critères métaphysiques et religieux qui président à cette distinction.* Il faut donc désormais révoquer sans appel l'idée selon laquelle la doctrine de l'espace et du temps absolus doit tout ou même quelque chose à la métaphysique newtonienne : elle ne lui doit rien. Elle doit tout en revanche à l'état des techniques de mesure de la fin du XVIIe siècle. D'ailleurs, la préface à la première édition des Principia, vingt ans plus tard environ en témoigne à sa manière :

> « Les Anciens, rappelle Newton [176], constituèrent une double mécanique : la rationnelle qui procède rigoureusement par voie démonstrative et la pratique. A la pratique, se rapportent tous les arts manuels desquels la mécanique a principalement tiré son nom. Mais, comme les artisans ont coutume d'opérer peu exactement, on en est venu à distinguer toute la mécanique de la géométrie, de sorte que l'on rapporte tout ce qui est exact à la géométrie et tout ce qui l'est moins à la mécanique. Cependant, les erreurs ne viennent pas de l'art mais de ceux qui le pratiquent. [Or], les descriptions des lignes droites et des cercles sur lesquelles la géométrie est fondée, concernent la mécanique. Ces lignes, la géométrie n'enseigne pas à les décrire mais elle les postule. La géométrie est donc fondée sur la pratique mécanique et elle n'est rien de plus que cette autre partie de la mécanique universelle où l'on propose et démontre l'art de mesurer avec rigueur ».

Mais, Newton ne montre nulle part dans la suite des Principia ou en tout autre écrit publié comment il a pu appliquer cette thèse à l'élaboration des fondements de sa propre mécanique : tel est précisément ce qu'atteste le *De Gravitatione*, à savoir que la physique newtonienne n'est pas fondée sur la métaphysique mais sur la pratique de mesure. Ainsi, il en va pour Newton comme plus tard pour Morley et Michelson, ces derniers ayant dû renoncer à l'espace absolu à l'issue d'expériences réalisées avec de nouvelles techniques de mesure. Par où, s'impose, en passant, l'idée que l'histoire de la physique n'est

176. Les *Principia..., op. cit.*, note 12, p. 13.

pas devenue solidaire de celle des techniques vers le milieu du XIXe siècle, et qu'elle l'est dès l'instauration de cette discipline comme science. C'est parce que les techniques de mesure au XVIIe siècle ne peuvent pas attester des corps autres que rigides [177], que Newton pose l'espace et le temps absolus comme fondements de sa mécanique : ces fondements sont donc nécessaires par rapport à un état donné des techniques et il a pleinement raison en cela contre Descartes, de notre point de vue.

Mais, objectera-t-on, le mode d'expérimentation des corps ne serait-il pas à son tour fondamentalement prédéterminé par une certaine conception métaphysique et religieuse de la « Nature » ? S'il en était ainsi, on pourrait se demander également pourquoi la pratique mécanique newtonienne serait davantage prédéterminée en ce sens que celles de Morley ou Michelson, par exemple ? Bien plus, on pourrait se demander aussi pourquoi la métaphysique cartésienne, radicalement contradictoire avec celle de Newton, ne produit pas un mode d'expérimentation contradictoire avec celui de son opposant. Tout au contraire, comme le jeune auteur le démontre au début de sa *note*, Descartes fut amené à élaborer le corps même de son Système du monde, avec les concepts qu'il a récusés dans la seconde partie de ses Principes. Aussi bien, l'objection formulée plus haut ne nous semble pas atteindre son but.

Mais, objectera-t-on encore, si Newton évoque le critère de la pratique mécanique pour élaborer le cadre conceptuel des fondements de la science mécanique, ne serait-ce pas essentiellement parce qu'il appartient à une solide tradition empirique anglaise ? On ne saurait nier en effet les références implicites à la philosophie anglaise contemporaine en ce texte. Il n'en reste pas moins que la science physique a progressé au cours des siècles ultérieurs grâce à l'affinement des techniques de mesure, et ce, quelle que soit la culture où se sont inscrites les étapes de ce progrès. C'est ainsi que – pour reprendre le même exemple – la nécessité de reformuler une autre théorie mécanique que celle de Newton jaillit, pour l'essentiel, des résultats des expériences précitées de Morley et Michelson. Précisément, la théorie de la relativité est issue de l'échec de ces expériences à prouver les « absolus » newtoniens. Or, a-t-on jamais dit qu'Einstein avait été influencé par une tradition empirique dans l'élaboration de cette

177. *Cf.* H. Cuny, Einstein et la relativité, Seghers, 1961, p. 177.

théorie ? De fait, si la culture philosophique à laquelle appartient un *savant* affleure parfois en son travail, elle n'intervient en rien dans la construction du cadre conceptuel général de la théorie scientifique elle-même. Tout au moins, il en est ainsi, pour la mécanique newtonienne : il resterait, bien sûr, à établir que la science physique a progressé depuis lors, de par le progrès des techniques et non fondamentalement de par les évolutions des idées métaphysiques.

Mais, en définitive, pourquoi Newton s'est-il embarrassé dans une argumentation métaphysique sur les propriétés de l'espace et du corps dont il n'est pas davantage sorti vainqueur que celui à qui il livre bataille ? De fait, en tant que physicien et praticien de la « science de la gravitation », il n'a pas besoin de telles justifications des propriétés de ces concepts. Or, il faut distinguer *l'acte de fondation* de la mécanique et celui de *justification* de cet acte à l'aune de critères étrangers à ceux qui président initialement. Seul, le premier lui importe en tant que scientifique, le second s'adresse à un autre homme et l'interpelle : à celui qui est pétri de convictions religieuses solides. C'est bien là où indéniablement interviennent les influences de la culture anglaise de la fin du XVIIe siècle. Car, il est bien vrai que la grande inquiétude des contemporains de Newton concerne éminemment les conséquences du mécanisme sur la foi religieuse : si la nature est dite réglée par des lois qui lui sont propres, elle n'a pas besoin d'être conservée par Dieu. Ainsi, le souci majeur des philosophes anglais de cette époque, dont H. More, est de parvenir à concilier les exigences de la science avec celles de la religion. C'est donc très certainement à cette tradition que Newton sacrifie, en cet « appendice » métaphysique de la note, mais sans préjudice aucun pour les fondements scientifiques de sa mécanique. Comme l'écrit si judicieusement Pascal [178], dans la Préface au *Traité du vide,* il est des matières qui relèvent de l'autorité et où l'on ne peut rien savoir d'autre que ce qui est enseigné et transmis, telle la théologie, il en est d'autres qui relèvent du raisonnement et, qui, bien loin de se transmettre en son intégrité, progressent de manière critique. Ainsi, pourrait-on dire que l'« appendice » de la note newtonienne relève ultimement de l'« autorité » théologique tandis que la première relève du raisonnement du physicien. D'ailleurs, pour faire justice des derniers doutes qui pourraient encore ternir le véritable mode de

178. Pascal, *Œuvres complètes,* le Seuil, 1963, p. 230.

fondation de la mécanique newtonienne, on peut remarquer que les propriétés de l'espace et du corps, en leur forme générale, sont, pour l'essentiel, inscrites dans la distinction de l'un et de l'autre, qui a été posée au terme de la critique épistémologique. En effet, puisque l'espace ne doit pas se mouvoir en même temps que le corps, pour que soit possible la mesure du mouvement, il ne peut qu'être immobile et impénétrable ; le corps, lui, ne peut qu'être mobile et pénétrable. Autrement dit, Newton n'a pas besoin du long et incertain « appendice » métaphysique de la « note » pour poser les propriétés de l'espace et du corps : il en a seulement besoin pour les justifier, du point de vue du « cœur », au sens pascalien du terme.

Ainsi, deux réflexions s'imposent incontestablement selon nous à la lecture du *De Gravitatione*. Tout d'abord, tandis que l'« appendice » de la *note* inscrit la pensée newtonienne dans l'histoire de la philosophie, la thèse de l'espace et du temps absolus l'inscrit, elle, primordialement dans l'histoire des techniques. Si donc l'on considère la mécanique newtonienne comme la première étape de la physique mathématique et — ce qui est admis de tous les physiciens — comme « mécanique classique », raffinée ultérieurement et toujours en vigueur aujourd'hui, alors force est de reconnaître qu'elle fut, en tant que science, la servante dévouée de la science et non celle de la métaphysique, contrairement à ce qu'une certaine tradition post-newtonienne admet.

Schéma de la note 84, p. 126.

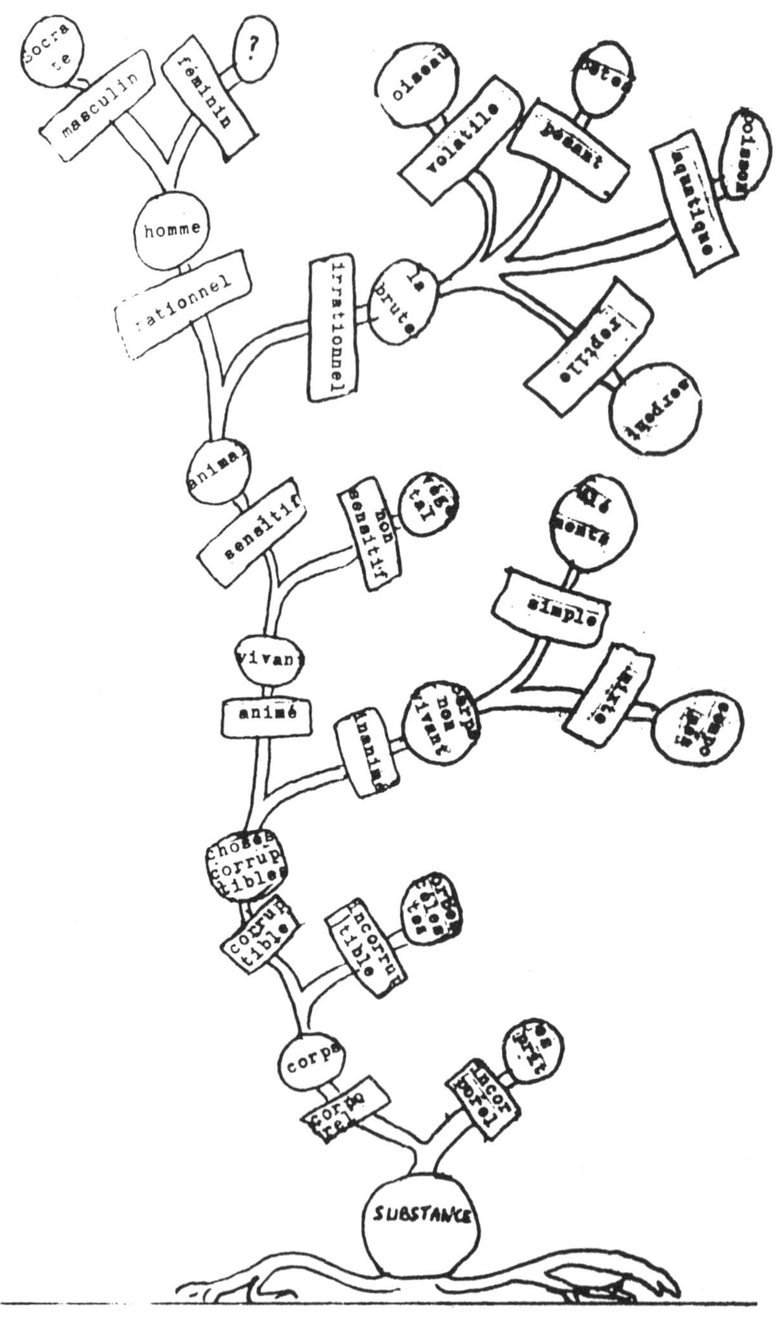

INDEX DES PRINCIPALES MATIÈRES TRAITÉES

De cet Index, nous avons soustrait les concepts de « corps », « espace » et « mouvement », qui pourtant jouent un rôle essentiel en ce livre : c'est qu'en effet ils sont cités extrêmement fréquemment tant dans le texte newtonien que dans l'étude qui le suit. Par ailleurs, tous les mots produits ici sont cités en leur sens strictement scientifique et philosophique, non en leur sens métaphorique.

INDEX D'AUTEURS

BIBLIOGRAPHIE

ARISTOTE : *Physique,* I et II, Les Belles-Lettres, 1969.
Organon, I à VI, Vrin, 1950, 1952, 1959.

BACON : *Opera Omnia,* Frankurt, 1665.

BAILLY J.-S. : *Histoire de l'Astronomie,* I à III, Paris, 1779 à 1782.

BALL R.W.W. : *An essay on Newton's Principia,* Macmillan & Co, Londres, 1693.

BARROW I. : *Lectiones Mathematicae,* Londres, 1665.
Lectiones geometricae et opticae, Londres, 1669.

BOAS-HALL M. : *The establishment of mechanical philosophy,* Isis, 1952, p. 412 à 524.

BOYLE R. : *The Works,* I à IV, Georg Olms Hildesheim, 1966.

BURTT E.A. : *The metaphysical foundations of modern science – The scientific thinking of Copernicus,* Galileo, Newton and their contemporaries, Routledge & Kegan, Londres, 1980.

CAPEK M. : *The concepts of space and time,* Boston Studies, Volume XXII, 1976.

CAVAILLES : *Sur la logique et la théorie de la science,* Vrin, Paris, 1976.

COHEN I.B. : *Isaac Newton's Papers and Letters on natural Philosophy,* C.U.P., 1958.

D'AQUIN Thomas : *Somme théologique,* traduction Sertillanges, Desclée, 1963.

DESCARTES : *Œuvre et Correspondance,* Adam et Tannery, Vrin, 1974.
Correspondance avec Arnauld et More, Introduction et Notes par G. Lewis, Vrin, 1953.

EDDINGTON : *The Philosophy of physical science,* C.U.P., 1939.

ELKANA Y. : *The interaction between science and philosophy,* Humanities Press, U.S.A., 1974.

GASSENDI : *Disquisitio Metaphysica,* Traduction et annotations de Bernard Rochot, Vrin, Paris, 1962.

GONSETH F. : *Les mathématiques et la réalité – Essai sur la méthode axiomatique,* Blanchard, Paris, 1974.
Les fondements des mathématiques, de la géométrie d'Euclide à la relativité générale et à l'intuitionisme, Blanchard, 1974.

HALL A.R. : *Unpublished Scientific Papers of Isaac Newton,* C.U.P., 1962.

HOBBES : *Œuvres philosophiques et politiques,* Neufchâtel, 1787.
MACH-LACHLAN : *Sir Isaac Newton, Theological Manuscripts,* Liverpool, 1950.
H. MORE : *A Collection of several Philosophical writings of Dr. Henry More,* Londres, 1662.
Opera Omnia, Londres, 1669.
MEYERSON : *De l'explication dans les sciences,* Payot, Paris, 1921.
MONTUCLA : *Histoire des mathématiques,* I et II, Jombert, Paris, 1758.
NEWTON I. : *Opera quae exstant omnia,* Tomes I à V, Stuttgart, 1964.
Manuscrits n° Add 4003 et 3996, Catalogue de Portsmouth, Cambridge University Library.
The Correspondence of Isaac Newton, Tomes I à VII, H. Turnbull and A.R. Hall, C.U.P., 1961.
POPPER K. : *La logique de la découverte scientifique,* Payot, 1978.
ROSENBERGER F. : *Die Geschichte der Physik,* I, II, III, Georg Holms Hildesheim, 1965.
TISSERAND : *Traité de mécanique céleste,* Gauthier-Villars, 1889.
TULLOCH : *Rational theology and christian philosophy in the seventeenth century* – I : Liberal Church ; II : The Cambridge Platonists, Edinburgh Londres, 1872.
WESTFALL R.S. : *Force in Newton's Physics,* Macdonald, Londres, 1971.
Never at rest : a biography of Isaac Newton, C.U.P., 1960.
WOLFF A. : *A History of science, technics and philosophy in the 16th and 17th centuries,* Londres, 1938.

TABLE DES MATIÈRES

Achevé d'imprimer par Corlet, Imprimeur, S.A., 14110 Condé-sur-Noireau
N° d'Éditeur : 2485 - N° d'Imprimeur : 5532 - Dépôt légal : mars 1985
Imprimé en France